D 93

Diese Mitteilungen setzen eine von Erich Regener begründete Reihe fort, deren Hefte auf der dritten Seite des Umschlags genannt sind.

Das Max-Planck-Institut für Aeronomie vereinigt zwei Institute, das Institut für Stratosphärenphysik, und das Institut für Ionosphärenphysik.

Ein S oder I beim Titel deutet an, aus welchem Institut die Arbeit stammt.

Anschrift der beiden Institute:

(20 b) Lindau über Northeim (Hann.)

ISBN 978-3-662-34983-0   ISBN 978-3-662-35318-9 (eBook)
DOI 10.1007/978-3-662-35318-9

AUSWIRKUNG DER VARIATIONEN DER PRIMÄREN KOSMISCHEN
STRAHLUNG AUF DIE MESONEN- UND NUCLEONEN-
KOMPONENTE AM ERDBODEN. [1]

von

Hermann Erbe

Inhaltsverzeichnis

		Seite:
1)	Einleitung, Problemstellung	3
2)	Aufbau des Geräts	3
3)	Zähleigenschaften der Sonde	9
4)	Eichung der Sonden	12
5)	Meßergebnisse	13
6)	Schwankungsverhältnis an verschiedenen Stationen	19
7)	Aufstiege mit besonderen Effekten	21
	a) Aufstieg am 2. Oktober 1956	21
	b) Aufstieg am 22. Januar 1957	24
	c) Aufstieg am 9. September 1957	26
8)	Anhang	27
	a) Bestimmung der Korrekturen für die Aufstiegsergebnisse	27
	b) Vertikale Intensität am 2. Oktober 1956	30
	c) Impulszahl in einem Zählrohr, das in einem radioaktiven Medium eingelagert ist	32
9)	Zusammenfassung	34

---

[1] Von der Technischen Hochschule Stuttgart zur Erlangung der Würde eines Doktors der Naturwissenschaften (Dr. rer. nat.) genehmigte Abhandlung - 1959.

1) Einleitung, Problemstellung

Die kosmische Strahlung am Boden zeigt im Laufe der Zeit Schwankungen der Intensität. Ein großer Teil davon wird durch die wechselnden Eigenschaften der Erdatmosphäre verursacht, und es ist schwierig, aus den Messungen am Boden die Variationen herauszukristallisieren, die von außerirdischen Einflüssen herrühren. Die Untersuchung der Letzteren mit Hilfe der kosmischen Strahlung ist aber das eigentliche Ziel.

FORBUSH (1) stellte 1938 bei der Auswertung der Meßergebnisse verschiedener Stationen weltweite Schwankungen fest, die über einen Jahreszeitengang hinausgingen. Etwa zur selben Zeit beobachteten MILLICAN und NEHER (2)(3) bei Ballonaufstiegen Unterschiede in den Ionisations-Höhenkurven, die sie auf Schwankungen der Primärstrahlung zurückführten. MONTGOMERY und NEHER (4) untersuchten den Breiteneffekt in großen Höhen mit Zählrohrteleskopen. Dabei stellten sie Unstetigkeiten in ihrer Breiteneffektkurve fest, die sie durch Schwankungen der primären kosmischen Strahlung erklärten. Da in der fraglichen Zeit am Boden nur eine ganz geringe Änderung der Intensität gemessen wurde, schlossen die Autoren, daß die relative Schwankung am Boden höchstens 1/10 derjenigen der Primärstrahlung sein kann. JESSE (5) verglich die Ionisationskurven bei Aufstiegen in Chikago mit den Messungen in Huancayo und fand, daß die Schwankungen in großer Höhe 6 mal so groß sind wie am Boden. Entsprechend stellten NEHER und FORBUSH (6) bei Ballonaufstiegen in Bismarck fest, daß die Schwankungen 7 mal größer sind als in Cheltenham.

Die hier aufgeführten Werte beziehen sich durchweg auf Messungen der ionisierenden Komponente am Boden. Es ist aber schwierig, die Registrierung von den atmosphärischen Einflüssen zu befreien, da die Korrekturen größer sind als der gesuchte Effekt. Die Messung der Nucleonenkomponente durch Auszählen von Neutronen aus Kernzertrümmerungen brachte einen großen Fortschritt. Die Intensität dieser Nucleonenkomponente am Boden ist, außer von der Primärstrahlung, praktisch nur vom Luftdruck abhängig, dessen Einfluß sich verhältnismäßig leicht berücksichtigen läßt. Dazu hat die Registrierung der Neutronenkomponente einen weiteren Vorteil. Sie hat von allen Sekundärteilchen den größten Breiteneffekt, und dies bedeutet, daß sie besonders empfindlich auf Änderungen des energiearmen Anteils des Primärspektrums und auf Änderung der Abschneide-Energie anspricht. In einer Reihe von Veröffentlichungen über Messungen mit Neutronenanlagen haben sich SIMPSON und Mitarbeiter mit den Variationen der kosmischen Strahlung befaßt (7-11).

Nach dem Sonnenfleckenminimum 1954 war damit zu rechnen, daß mit wachsender Sonnenfleckenzahl stärkere Schwankungen der kosmischen Strahlung auftreten. In der vorliegenden Meßreihe sollte die Korrelation zwischen Primärstrahlung einerseits, ionisierender und Neutronenkomponente am Boden andererseits für Weissenau (geomagn. Breite 49°N) bestimmt werden. Gleichzeitig liefen in Weissenau Untersuchungen über die Korrelation von Neutronenzahl und Zahl der ionisierenden Teilchen sowie über die Korrektur der letzteren zur Berücksichtigung atmosphärischer Einflüsse. Naturgemäß waren wir bei den Höhenuntersuchungen auf einige kurze Zeitabschnitte für den Vergleich angewiesen, jedoch harmonieren die Meßergebnisse miteinander.

Nebenher wollten wir versuchen, irgendwelche besonderen Ereignisse in großer Höhe zu beobachten. Daher wurden die Geräte zum Teil während magnetischer Stürme oder im Anschluß an stärkere Mögel-Dellinger-Effekte gestartet. (Mögel-Dellinger-Effekte treten auf im Zusammenhang mit chromosphärischen Eruptionen. Ihr Auftreten konnte in Weissenau an Hand der Registrierung von Atmospherics laufend beobachtet werden.)

2) Aufbau des Gerätes.

Da wir bei den Aufstiegen keine Rücksicht auf meteorologische Bedingungen nehmen konnten, mußte das Geräte so gebaut sein, daß die Meßergebnisse auch über große Entfernungen und bei stärkeren atmosphärischen Störungen einwandfrei übermittelt werden. Eine Übertragung der einzelnen Koinzidenzen erscheint hierfür nicht geeignet, da die Gefahr besteht, daß die Registriereinrichtung entweder zu empfindlich ist und auf Störimpulse reagiert oder schwache Senderimpulse unterdrückt.

Das Gerät zählt jetzt die Koinzidenzen und meldet sechsmal in der Minute den Stand des Zählwerks und des Aneroidbarometers. Dabei ist die vom Sender ausgestrahlte Hochfrequenz moduliert. Es hat sich gezeigt, daß die Morsezeichen, die immer in derselben Tonhöhe übermittelt werden, auch noch bei großer Entfernung deutlich aus dem Rauschen und aus Störungen durch andere Sender und Kraftfahrzeuge herauszuhören sind. Da das Zählwerk integriert, ist es praktisch nicht von Bedeutung, wenn gelegentlich einige Zeichen nicht verstanden werden.

Das Zählrohrteleskop.

Die Zählrohranordnung und Empfindlichkeitsverteilung zeigt Bild 1. Der empfindliche Bereich reicht bis zu einem Zenitwinkel von 70°. Der große Raumwinkel bietet folgende Vorteile:

1) Die Intensitäts-Höhenkurve durchläuft ein sehr breites Maximum, dessen Höhe gut auszumessen ist.
2) Der statistische Fehler wird klein.
3) Die Zahl der zufälligen Koinzidenzen wird klein.

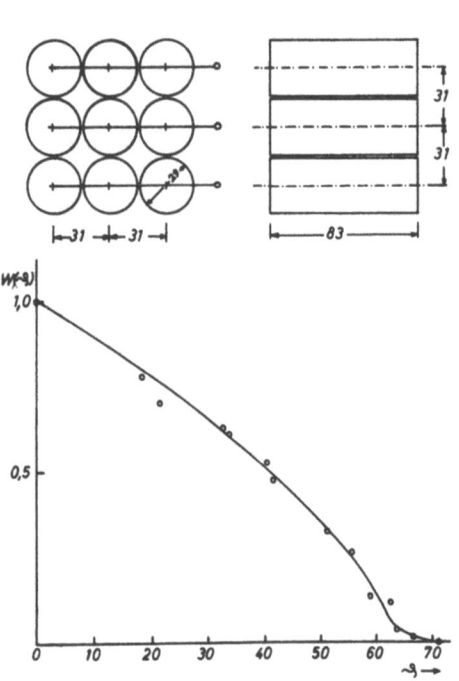

Abb. 1 Anordnung der Zählrohre in der Radiosonde zur Messung kosmischer Strahlung und effektive Zählfläche des Teleskops als Funktion des Zenitwinkels im Mittel über alle Azimute.

Für die geplanten Messungen überwogen diese Vorteile den Nachteil, der dadurch entsteht, daß die erdmagnetisch zugelassene Grenzenergie der Primären sich mit der Einfallsrichtung etwas ändert.

Die Zählrohre wurden in der Werkstatt des Instituts gefertigt. Als Mantel und Kathode diente Messingrohr von 0,5 mm Wandstärke und einem Innendurchmesser von 29 mm. Die wirksame Länge wurde mit Hilfe von Koinzidenzen gemessen und beträgt 83 mm bei einer Zähldrahtlänge von 90 mm. Daraus ergibt sich eine Zählfläche von 72 cm^2.

Die von den Teilchen bei Koinzidenzen zu durchdringende Masse ist 2,1 g/cm^2. Protonen benötigen hierfür eine Energie von etwa 40 MeV, μ-Mesonen etwa 15 Mev. Die Zählrohre sind mit einem Gemisch aus 90% Argon und 10% Äthylen bei einem Gesamtdruck von 100 mm Hg gefüllt. Damit wird die Einsatzspannung etwa 1150 Volt. Die Zählrate ist unabhängig von der Temperatur im Bereich von mindestens $-20^{\circ}C$ bis $+25^{\circ}C$. Innerhalb der Schutzgondel wurde dieser Temperaturbereich eingehalten.

Als Hochspannungsquelle wurden Hochspannungsbatterien verwendet, die die Firma Pertrix für den Gebrauch in Elektronenblitzgeräten herstellt. Sie liefern bei einer Nennspannung von 1200 V tatsächlich 1250 bis 1300 Volt. Durch kleine zusätzliche Batterien wurde die Hochspannung auf den Sollwert von 100 Volt über der Einsatzspannung der Zählrohre einreguliert.

Schaltung der Sonde.

Das Schaltbild der Sonde zeigt Abb. 2. Die Zählrohre einer waagerechten Ebene sind parallel geschaltet. Ihre Anoden sind mit einem gemeinsamen Ableitwiderstand von 5 MOhm verbunden. Die an diesem Widerstand auftretenden Spannungsimpulse werden durch einen Hochspannungskondensator auf das Gitter der Eingangsröhre übertragen. Als Gitterableitwiderstand dient eine Drossel in Serie mit einem Widerstand von 50 kOhm. Letzterer schützt die Röhre vor zu hohem Ansteigen des Gitterstroms und bewirkt eine zusätzliche Dämpfung der an der Drossel entstehenden Schwingung. Kommt über den

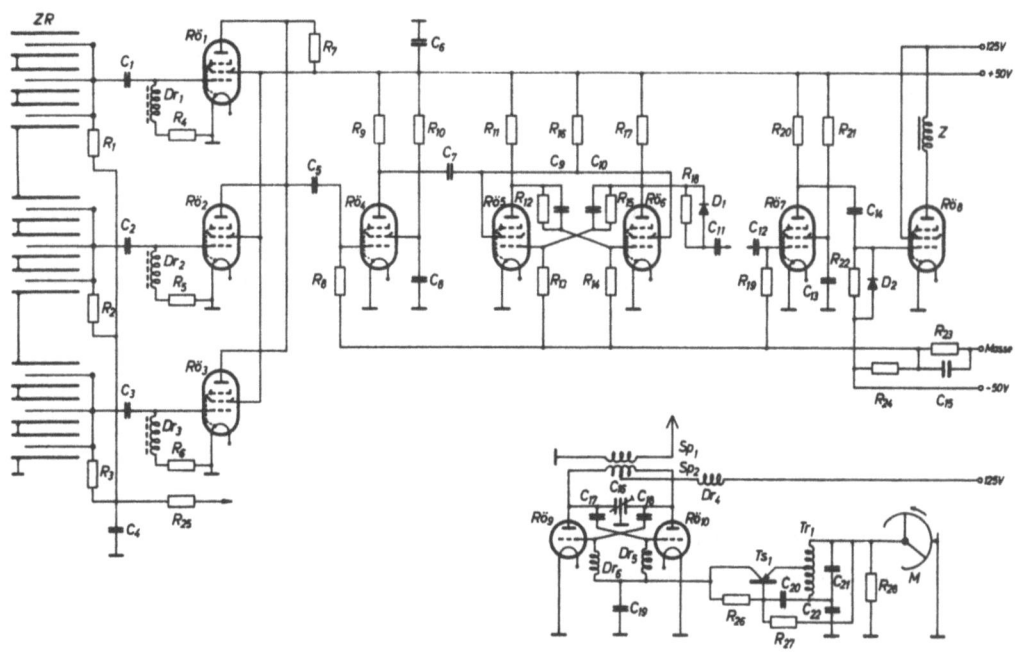

Abb. 2 Schaltbild der Sonde zur Messung kosmischer Strahlung.

Daten der Schaltelemente

$Rö_1, Rö_2, Rö_3$	1L4	R_1, R_2, R_3	5	MOhm	C_1, C_2, C_3	200	pF
$Rö_4, Rö_5, Rö_6, Rö_7$	DL 651	R_4, R_5, R_6	50	kOhm	C_4	1000	pF
$Rö_8$	DL 41	R_7	150	kOhm	C_5	50	pF
$Rö_9, Rö_{10}$	DC 70	R_8	200	kOhm	C_6	5	µF
Ts_1	OD 604	$R_9, R_{10}, R_{11}, R_{17}$	100	kOhm	C_7, C_{11}	200	pF
D_1, D_2	OA 81	R_{12}, R_{15}	5	MOhm	C_8	5000	pF
Dr_1, Dr_2, Dr_3	4000 x 0,7 mm auf Topfkern	R_{13}, R_{14}	2	MOhm	C_9, C_{10}	50	pF
		R_{16}	60	kOhm	C_{12}	5000	pF
Dr_5, Dr_6, Dr_7	$\lambda/4$ Drosseln	R_{18}	1	MOhm	C_{13}	0,1	µF
Tr_1	(400 + 600) x 0,1 mm auf Topfkern	R_{19}	10	MOhm	C_{14}	50000	pF
		R_{20}	150	kOhm	C_{15}	25	µF
Z	Zählwerk	R_{21}	100	kOhm	C_{17}, C_{18}	7	pF
		R_{22}	1	MOhm	C_{19}	2500	pF
Zwischen C_{11} und C_{12} liegen 3 weitere Untersetzerstufen		R_{23}	1,2	kOhm	C_{20}, C_{21}, C_{22}	50000	pF
		R_{24}	0,6	kOhm	C_{16}	Lufttrimmer, Schmetterlingsform	
		R_{25}	500	kOhm			
		R_{26}	100	kOhm			
		R_{27}	10	kOhm			
		R_{28}	5	kOhm			

Hochspannungskondensator ein negativer Impuls, so wird die Drossel zu einer Schwingung in ihrer Eigenfrequenz angestoßen. Es kann sich aber nur die erste Halbwelle ausbilden, da die folgende positive durch den Gitterstrom der Eingangsröhre abgeschnitten wird. Die Länge der negativen Impulse am Gitter ist daher nur von den Eigenschaften der Drossel, Induktivität, Kapazität und Ohmscher Widerstand abhängig, nicht von der Form und Größe der Zählrohrimpulse. Die Impulse am Gitter sind 23 μ sec lang. Die für das Auflösungsvermögen maßgebende Länge der Impulse an der Anode beträgt 15 μ sec. (s. Seite 10)

Die Anoden der drei Eingangspenthoden sind nach Rossi parallel geschaltet und wirken auf einen gemeinsamen Widerstand. Dieser stellt den Arbeitspunkt so ein, daß bei einfachen Impulsen und Zweifach-Koinzidenzen nur ein kleiner Spannungsstoß an den Anoden auftritt. Erst wenn alle drei Eingangsröhren gesperrt werden, steigt die Anodenspannung auf die Batteriespannung an. Die tatsächliche Impulshöhe an der Anode beträgt etwa 1, 3 oder 20 Volt bei Einfachimpulsen, Zweifachkoinzidenzen bzw. Dreifachkoinzidenzen [1]. Die letzteren lassen sich sicher abdiskriminieren. Die von der Diskriminatorröhre ausgesiebten Dreifachkoinzidenzen werden in einer vierstufigen Flip-Flop-Schaltung sechzehnfach untersetzt. Die Impulse der letzten Stufe werden in einer Zwischenröhre verstärkt und auf eine Leistungsröhre übertragen. Diese Endröhre liefert einen kräftigen Stromstoß, der ein Zählwerk weiterschalten kann.

Das Steuergitter der Zwischenröhre ($Rö_7$) ist im Ruhezustand negativ vorgespannt. Da auf diese Weise an der Anode negative Impulse auftreten, zur Steuerung der Endröhre jedoch positive notwendig sind, müssen die Stromstöße durch die Diose (D_2) umgekehrt werden. Wäre das Gitter der Vorröhre im Ruhezustand auf Kathodenpotential, dann würde die eingestreute Hochfrequenz des Senders am Gitter gleichgerichtet. Der erzeugte Gitterstrom würde an dem hohen Gitterwiderstand negative Impulse erzeugen, die von der Endstufe gezählt würden.

Das Zählwerk und die Morsewalze (Abb. 3).

Die Stromstöße der Endröhre fließen durch einen Elektromagneten. Dessen Anker dreht bei jedem Impuls ein Schaltrad um einen Zahn weiter. Mit dem Schaltrad durch eine Zahnraduntersetzung verbunden, dreht sich eine Kurvenscheibe in Form einer archimedischen Spirale. Ein Stift tastet den jeweiligen Radius der Spirale ab und bewegt dabei einen Zeiger. Nach 300 Zählschritten hat sich das Kurvenstück einmal um seine Achse gedreht und beim nächsten Impuls fällt der Taststift wieder auf den Wert Null.

Ein zweiter Zeiger wird von einer Aneroiddose gesteuert und gibt den Luftdruck an. Die Stellung beider Zeiger wird durch eine "Morsewalze" abgetastet, wie sie von KÖLZER und GRAW [2] für meteorologische Radiosonden entwickelt wurde, und der Wert durch Funk übertragen. Die Morsewalze besteht aus einem Halbzylinder aus Aluminium, in den 360 Führungsrillen eingepreßt sind. Die Oberfläche ist mit einem isolierenden Lack überzogen. Lediglich in einem bestimmten Muster ist das Metall freigelegt. Dreht sich die Walze an den Zeigern vorbei, dann entstehen Kontakte, die eine Tastung des Senders nach Art der Morsezeichen bewirken. Jede Rille ergibt ein anderes Zeichen. Die Bezeichnung läuft von 1 bis 300 und beginnt dann wieder von vorne.

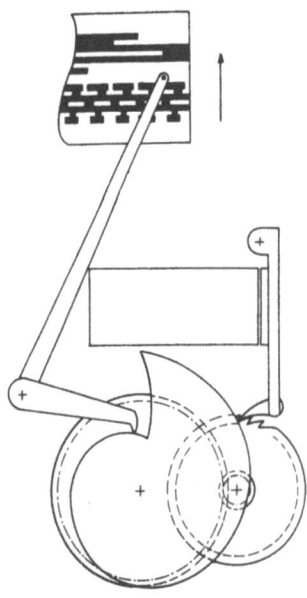

Abb. 3 Zählwerk mit Zeiger und Ausschnitt aus der Morsewalze.

---

[1] Die Impulshöhe bei Dreifachkoinzidenzen wird durch den Gitterstromeinsatz im Diskriminator begrenzt.

[2] Die Walzen und Druckdosen wurden von der Firma Dr. Graw, Nürnberg geliefert.

Sender und Modulationsstufe.

Die Übertragung der Morsezeichen erfolgt auf einer Frequenz von 152,27 MHz durch einen einstufigen Gegentaktsender. Die Antenne ist induktiv angekoppelt. Der unmodulierte Sender strahlt eine HF-Leistung von etwa 1 Watt ab. Die Ausgangsleistung wurde gemessen durch Vergleich der Helligkeit zweier Glühlampen; die eine wurde von der Hochfrequenz gespeist, die andere aus einer Gleichspannungsquelle.

Da die Frequenz eines einstufigen Senders im 100-Megahertzbereich nicht konstant ist, wurde der Sender moduliert, um auch bei schwankender Frequenz guten Empfang zu gewährleisten. Die Modulation des Senders geschieht durch eine selbstschwingende Transistorschaltung, wobei der Transistor als variabler Gitterableitwiderstand der Senderöhren dient. Das System besitzt zwei Schwingzustände; im Ruhezustand fließt der Gitterstrom des Senders durch den Transistor und den Widerstand R_{28} = 5 kOhm (Abb. 2). Der NF-Oszillator schwingt mit kleiner Amplitude und geringer Frequenz. Da gleichzeitig am Sender eine hohe Gittervorspannung liegt, ist die ausgestrahlte Sendeleistung gering. Überstreicht nun der Zeiger einen Kontakt der Morsewalze, dann wird R_{28} kurz geschlossen. Die Gittervorspannung des Senders sinkt, der Sender schwingt mit voller Energie. Gleichzeitig erhöht sich die Frequenz des NF-Oszillators. Der Dauerton ermöglicht es, den Empfänger nachzuregeln, wenn die Frequenz des Senders abwandert und erleichtert es, das fliegende Gerät anzupeilen. Da der Ton der Morsezeichen höher und lauter ist als der Dauerton, sind die Morsezeichen gut herauszuhören.

Aufbau der Sonde.

Das ganze Gerät ist in ein Gestell aus Aluminium eingebaut (Abb. 4). In der Mitte liegt das Zählrohrteleskop, dahinter ist die Koinzidenzstufe. In dem Abschirmgehäuse rechts hinten steht der Untersetzer. Der Diskriminator und die vier Untersetzerstufen sind jeweils auf kleine Pertinaxplättchen aufmontiert, die dann übereinander montiert wurden (Abb. 5). Die Halterung dient gleichzeitig als Stromzuführung. Vor dem Untersetzer steht das Zählwerk mit Morsewalze und Druckdose. Die Spirale des Zählwerks und ihr Antrieb ist auf dem Bild zu erkennen. In dem Kasten aus Isoliermaterial liegt vorne rechts der Sender. Der übrige Raum ist mit den Batterien für die Stromversorgung ausgefüllt. Davon ist die Hochspannungsbatterie sichtbar. Um ein Sprühen hochspannungsführender Teile zu verhindern, wurden alle freiliegenden Schaltelemente mit einer Schicht Siliconkautschuk überzogen. Die Hochspannungsbatterie wurde geöffnet, in die Stromableitung ein Schutzwiderstand von 0,5 MOhm eingelötet und das Preßstoffgehäuse der Batterie sorgfältig mit Paraffin ausgegossen. Bei Untersuchung der Sonde in der Unterdruckkammer zeigten sich bei einem Druck von 4 mm Hg noch keine Sprühentladungen.

Beim Flug steckt das Gerät in einem Kasten aus wärmeisolierendem Material (Porosynth) und hängt federnd in einer Gondel, die mit Zellophan bespannt ist. Die Sonde wird durch zwei Latex-Ballone in die Stratosphäre getragen. Die Verwendung zweier Ballone hat nach HERGESELL (12) den Vorteil, daß das Gerät langsam zu Boden sinkt, wenn am Gipfelpunkt einer der Ballone geplatzt ist. Wir erhalten so beim Abstieg etwa dieselbe Anzahl Werte wie beim Aufstieg und somit eine Kontrolle. Zur Sicherheit ist das Gerät mit einem Fallschirm mit 1,80 m Durchmesser ausgestattet, der die Landegeschwindigkeit auf etwa sieben m/sec herabsetzt, wenn einmal beide Ballone platzen.

Empfangsanlage.

Als Empfänger dient ein Nogoton UKW-Empfänger, der normalerweise für das Amateurband 144-146 MHz hergestellt wird und von der Firma auf unsere Frequenz umgetrimmt wurde. Die Empfangsantenne besteht aus vier Ganzwellendipolen mit vier Reflektoren. Neben guter Verstärkung (ca. 11 dB) bringt sie die Möglichkeit mit, die Sonde in der Luft anzupeilen. Die Richtung des Landeorts kann etwa auf $\pm 2^{\circ}$ genau angegeben werden. Die empfangenen Zeichen werden auf Tonband registriert und soweit möglich, gleich mitgeschrieben. Während der Aufnahme gibt eine Uhr im Abstand von einer Minute Zeitsignale auf das Band. Außerdem wird von Zeit zu Zeit die genaue Uhrzeit aufgesprochen.

Abb. 4 Radiosonde zur Messung kosmischer Strahlung.

Abb. 5 Vierstufiger Untersetzer mit Diskriminator,
rechts Morsewalze und Aneroiddose.

Die übermittelten Druckdaten werden an Hand der Eichkurve in mm Hg umgerechnet und als Funktion der Zeit aufgetragen. Auch für das Zählwerk ist eine Eichtabelle nötig, da sich die Zählspirale unter erträglichem Aufwand nicht mit genügender Genauigkeit herstellen läßt. Mit Hilfe der Zeitmarken läßt sich die integrale Impulszahl als Funktion der Zeit auftragen. Aus dieser Punktfolge wird die Intensität als Zuwachs innerhalb jeweils vier Minuten bestimmt. Dabei wird über die etwas streuenden Punkte gemittelt. Die Impulszahl je vier Minuten wird als Funktion des Luftdrucks p, bzw. von log p aufgezeichnet.

3) Zähleigenschaft der Sonde.

a) Totzeit der Zählrohre: Um die Totzeit zu bestimmen, wurde das Zählrohr aus verschiedenen Entfernungen durch ein radioaktives Präparat bestrahlt und die Impulszahl mit einem hochauflösenden Untersetzer gezählt.
Tabelle 1 zeigt das Ergebnis der Messung.

Tabelle 1

Impulsdichte N in einem Zählrohr, das von einem radioaktiven Präparat aus verschiedenen Entfernungen bestrahlt wurde

Abstand des Präparats a	Impulsdichte N'(a)	N'(a)−N(∞)		N(a)	$\frac{N(a)}{N(100)}$
∞	1,1 sec^{-1}		± 0,5 %		
25 cm	992,6 "	991,5 sec^{-1}	± 0,5 %	1302	16,06
50 "	306,3 "	305,2 "	± 0,7 %	328	4,06
100 "	80,6 "	79,5 "	± 1,0 %	80,9	1,00
12,5 "	1700,6 "	1699,5 "	± 0,3 %		
6 "	1244,0 "	1243,0 "	± 0,5 %		

Die Impulszahl durchläuft bei wachsender Teilchendichte ein Maximum. Durch kleine Variation der Entfernung des Präparats wurde die höchste Impulsdichte zu 1706 sec^{-1} ± 0,5 % bestimmt. Daraus ergibt sich die Auflösungszeit nach SCHOPPER (13) und nach VOLZ (14):

$$\tau = \frac{1}{e\, N_{max}} = 215 \; \mu \, sec \tag{1}$$

Errechnet man mit dieser Auflösungszeit die tatsächliche Teilchenzahl N(a), so erhält man Werte, die sich wie 1 : 4 : 16 verhalten. Bei 12,5 und 6 cm Entfernung ist der Abstand vom Zählrohr mit 3 cm Durchmesser und 9 cm Länge nicht mehr genau definiert. Darum können die Impulszahlen nicht mehr zum Vergleich herangezogen werden. Beobachtet man auf einem Oszillographen mit Impuls-Kippanstoß und geeichter Zeitablenkung die Spannungsstöße, die an der Anode der Eingangsröhre auftreten, dann kann man die Zeit bestimmen, die vergeht, bis die normale Impulshöhe wieder erreicht wird. Nach 200 μ sec haben die Impulse etwa 0,7 der normalen Impulshöhe; die Übereinstimmung mit obiger Messung ist gut. Für die Korrektur wurde die experimentell bestimmte Zeit 215 μ sec verwendet. In Tabelle 2 sind die Korrekturfaktoren für verschiedene Höhen beim Aufstieg vom 2. Oktober 1956 angegeben. (Vgl. Anhang). Bei den anderen Aufstiegen liegen sie etwas näher bei 1,000, unterscheiden sich aber wenig von den angegebenen Zahlen.

Tabelle 2

Korrekturfaktoren für den Aufstieg 2. Okt. 56

Druck (mm Hg)	10	20	30	50	70	100	130	150
Ansprechwahrscheinlichkeit	0,982	0,979	0,979	0,980	0,982	0,985	0,987	0,989
K_{III}/K	0,996	0,994	0,994	0,995	0,996	0,997	(0,998)	0,998
Auflösungsverm. d. Untersetzers	0,998	0,997	0,997	0,996	0,996	0,996	0,996	0,997
Insgesamt	1,016	1,018	1,018	1,019	1,018	1,016	1,015	1,012

b) Auflösungsvermögen für zufällige Koinzidenzen: Die am Gitter der Eingangsröhre auftretenden negativen Impulse sind 23 µ sec lang. Die dabei an der Anode auftretenden kleinen Spannungsstöße dauern 20 µ sec. Die Impulse der Dreifachkoinzidenzen haben eine Halbwertsbreite von 15 µ sec. Da die Diskriminatorstufe bei etwa 10 Volt abschneidet, dürfte diese Zeit das Auflösungsvermögen charakterisieren. Auf denselben Wert kommt man, wenn man das Auflösungsvermögen direkt mißt. Es ist die Zahl der zufälligen Koinzidenzen bei zwei Zählrohren (12):

$$K_{IIzuf} = 2 N_1 N_2 t_a \qquad (2)$$

Dabei ist N_1 und N_2 die Impulszahl der beiden Zählrohre, die in der Probeschaltung eingebaut sind, t_a ist die Auflösungszeit. Bei der Messung waren die beiden Zählrohre 1,8 m voneinander entfernt. Lediglich unter dem Einfluß der kosmischen Strahlung und der natürlichen Aktivität der Umgebung wurden während einiger Minuten nur Einzelimpulse, aber keine Koinzidenzen gezählt. Der Beitrag von Schauern ist demnach am Boden zu vernachlässigen. Daraufhin wurde die Teilchenzahl in beiden Zählrohren durch radioaktive Präparate erhöht und dabei folgende Impulszahlen gemessen:

$$N_1 = 76 \pm 0,76 \text{ sec}^{-1}$$
$$N_2 = 62 \pm 0,62 \text{ sec}^{-1}$$
$$K_{II} = 0,14 \pm 0,0084 \text{ sec}^{-1}$$

Daraus errechnet sich:

$$t_a = 14,9 \pm 0,9 \text{ µ sec}$$

in guter Übereinstimmung mit dem oszillographisch bestimmten Wert. Bei einem Teleskop mit endlichem Auflösungsvermögen für Koinzidenzen ist die Zahl der wirklichen Koinzidenzen (13)

$$K_{III} = \frac{K - 4 N^3 t_a^2}{1 + 4 (K_{II}/K_{III} - 1) N t_a} \qquad (3)$$

Dabei ist K die Summe aus wirklichen und zufälligen Koinzidenzen, d.h. der gemessene Wert. N ist die Zahl der Impulse je Sekunde in einem Zählrohr, bzw. in einer Gruppe. Bei einem Aufstieg mit normaler kosmischer Strahlung steigt N kaum über 100 sec^{-1}. Damit bleibt $4 N^3 t_a^2$ kleiner 10^{-3} sec^{-1} und ist gegenüber $K \approx 20$ sec^{-1} zu vernachlässigen. Gleichung 3 vereinfacht sich damit:

$$K_{III} = \frac{K}{1 + 4 N t_a (K_{II}/K_{III} - 1)}$$

oder da $4 N t_a (K_{II}/K_{III} - 1) < 0,01$ ist

$$K_{III}/K \approx 1 - 4 N t_a (K_{II}/K_{III} - 1) \tag{3a}$$

In Tabelle 2 sind die Korrekturfaktoren eingetragen. Die Werte von N und K_{II}/K_{III} werden im Anhang aus den Messungen hergeleitet.

c) Das Auflösungsvermögen des Untersetzers wurde bestimmt, indem man die höchste Impulsfrequenz feststellte, die der Untersetzer noch einwandfrei teilte. Die Impulse wurden dabei einem Impulsgenerator entnommen und der Koinzidenzschaltung zugeführt, um etwa dieselbe Impulsform zu haben, wie im normalen Betrieb. Der Untersetzer zählt noch 6000 Impulse je Sekunde. Die gemessene Koinzidenzzahl ist daher mit exp (K/6000) zu multiplizieren. Die Korrekturfaktoren sind in Tabelle 2 eingetragen.

d) Auflösungsvermögen des Zählwerks: Ist q der Untersetzungsfaktor und m die Anzahl der Impulse, die während der Auflösungszeit des Zählwerks auf den Untersetzer treffen, dann ist die Zählwahrscheinlichkeit (16):

$$Q = 1 - \frac{1}{(q-1)!} \int_0^m m^{q-1} e^{-m} dm \tag{4}$$

Daraus ergibt sich:

$$Q = e^{-m} \sum_{n=0}^{n=q-1} \frac{1}{n!} m^n \tag{4a}$$

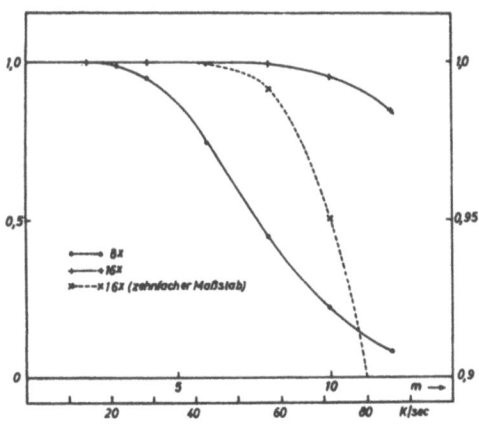

Abb. 6 Ansprechwahrscheinlichkeit des Zählwerks bei verschiedenen Koinzidenzzahlen.

In Abb. 6 ist die Zählwahrscheinlichkeit als Funktion der Impulszahl je Auflösungszeit für einen Sechzehnfach- und für einen Achtfachuntersetzer dargestellt.

Die Auflösungszeit ist eine Funktion der Spannung von Heiz- und Anodenbatterie, sowie der Temperatur des Zählwerks; sie ist während des Flugs nicht zu bestimmen. Im allgemeinen werden 15 bis 20 Zählschritte in der Sekunde gemacht. Unter äußerst ungünstigen Umständen (-15°C, Anodenspannung 100 V an Stelle von 125 V) wurde ein niedrigster Wert von sieben Schritten je Sekunde festgestellt. Da eine Korrektur des Fehlers, der durch das zu kleine Auflösungsvermögen des Zählwerks entsteht, nicht möglich ist, muß die elektrische Untersetzung so hoch gewählt werden, daß auf jeden Fall der Zählverlust zu vernachlässigen ist. Bei einem Aufstieg zu Zeiten normaler kosmischer Strahlung werden im Maximum etwa 26 Koinzidenzen je Sekunde gezählt. Ist dem Zählwerk ein Achtfachuntersetzer vorgeschaltet, dann ist die Unsicherheit des Meßwerts bereits 2%. Ein Sechzehnfachuntersetzer genügt jedoch vollauf. Bei 8 x 7 = 56 K sec^{-1}, d.h. dem Doppelten des Normalwerts ist die Unsicherheit noch unter 1%, steigt dann aber stark an. Bei dieser Impulszahl macht sich aber auch die Totzeit der Zählrohre stärker bemerkbar. Wenn die Zahl der Einzelimpulse im Zählrohr im gleichen Maße steigt wie die Koinzidenzen, dann ist in obigem Fall die Ansprechwahrscheinlichkeit des Teleskops noch 94%. Da aber in der vorliegenden Meßreihe die Einzelimpulse nicht mitgezählt wurden, ist dieser Wert bei außergewöhnlichen Anstiegen der kosmischen Strahlung ein Unsicherheitsfaktor, der den des Zählwerks übersteigt.

4) Eichung der Sonden.

Um die Ergebnisse verschiedener Flüge und verschiedener Sonden vergleichen zu können, wurde die Zählrate am Boden mit den Messungen der Dauerregistrieranlage verglichen. Das Vergleichsgerät war ein kubisches Teleskop, wie es für die Messungen der kosmischen Strahlung im geophysikalischen Jahr empfohlen wurde. Die Zählfläche ist 42 x 42 = 1764 cm^2, der Abstand der Mitten der beiden Zählflächen 41,5 cm. Das Gerät steht unter einem Betondach mit 50 gcm^{-2} Flächendichte. Innerhalb des Teleskops liegt kein Absorber. Es werden Dreifachkoinzidenzen gezählt und vor der Registrierung einhundertfach untersetzt.

Die Sonde stand während der Eichung unter einem Holzdach mit ca. 3 gcm^{-2} Flächendichte. Bei den Eichungen im Jahre 1956 wurde jeweils die Zeit bestimmt, während der 600 x 16 Koinzidenzen gezählt wurden. Hierfür waren rund vier Stunden nötig. Der Batteriesatz der Sonde erlaubte praktisch keine längeren Messungen. Der statistische Fehler beträgt bei 9600 Teilchen rund 1%.

Die Höhe des Maximums ist aber bei den einzelnen Flügen auf etwa 0,7% bestimmt. Der Fehler der Eichung wäre somit größer als der Meßfehler. Es wurde daher ein Netzgerät für die Sonde gebaut und ein Zählgerät mit Druckzähler angeschlossen. Nun wurde die Koinzidenzzahl jeweils etwa drei Tage lang registriert, und aus der Gesamtkoinzidenzzahl von Sonde und Dauerregistrieranlage das Verhältnis ermittelt. Dabei wird vorausgesetzt, daß der Barometereffekt für beide Anlagen gleich ist. Der statistische Fehler beträgt nach drei Tagen bei der Sonde etwa 0,2%, bei der Dauerregistrieranlage etwa 0,05%.

Die Eichungen wurden von Zeit zu Zeit wiederholt, vor allem nach jedem Flug. Nach dem 19. XII. 57 war eine Eichung nicht mehr möglich, da während des Fluges ein Zählrohr unbrauchbar wurde. Nur für den 22. I. 57 ist keine Eichung da, weil das Teleskop gerade umgebaut worden war und ein starker magnetischer Sturm den sofortigen Start verlangte. Nach dem Flug war keine Eichung mehr möglich, da das Gerät bei der Landung vollständig zerstört wurde.

Das Ergebnis der verschiedenen Eichungen ist in Tabelle 3 eingetragen.

Tabelle 3

Ergebnis der Eichungen.

Zeit	Sonden-Nr.	Empfindlichkeit Sonde/K_o
8. X. 56	II/3	0,431 ± 0,005
16. X. 56	II/2	0,429 ± 0,005
4.-6. III. 57	III/2	0,4314 ± 0,001
24.-27. V. 57	"	0,4299 ± 0,001
14.-16. VI. 57	"	0,4297 ± 0,001
1.-3. VII. 57	"	0,4312 ± 0,001
15.-17. VIII. 57	"	0,4310 ± 0,001
17.-20. IX. 57	"	0,4292 ± 0,001
18.-21. XI. 57	"	0,4380 ± 0,001

Die dritte Spalte bringt das Verhältnis der Zählschritte der Sonde zu denen der Dauerregistrieranlage (K_o), wobei zu berücksichtigen ist, daß K_o einhundertfach untersetzt ist, das Zählwerk der Sonde aber nur sechzehnfach.

Die ersten acht Eichwerte stimmen untereinander gut überein. Sonde III/2 blieb während der Zeit vom 4.III.57 bis zum 20.IX.57 vollständig unverändert. Lediglich wurde sie vor und nach jedem Aufstieg überprüft. Vor dem 18.XI.57 wurde das Teleskop der Sonde zerlegt und aus denselben Zählrohren wieder zusammengestellt. Die Hochspannungsbatterie wurde erneuert und für zwei Zählrohre die Spannung zusätzlich erhöht. Nach diesem Umbau brachte die Eichung ein um 2% größeres Verhältnis Sonde: K_o

Als Mittel aus den ersten acht Eichungen ergibt sich 0,4304. Bei der Auswertung aller Aufstiege, außer dem vom 19.XII.57, wurde mit dem Verhältnis 0,430 gerechnet.

5) Meßergebnisse.

Mit diesen Geräten wurden in der Zeit vom 2.X.56 bis 19.XII.57 von Weissenau aus ($49°$ geomagn. Breite) acht Aufstiege gemacht. Tabelle 4 zeigt die wichtigsten Daten der Aufstiege. I_{max}, die Intensität im Maximum wurde aus der Integralkurve $\int Idt$ gewonnen, wobei sich das Integral über die Zeit erstreckt, zu der die Sonde im Druckbereich von 70 bis 100 mm Hg war (etwa 15 - 17 km Höhe). Wie die Aufstiegskurven (Abb. 7) zeigen, blieb in diesem Bereich die Intensität praktisch konstant. Der statistische Fehler dieses Wertes ist etwa 0,7%. Bei den Aufstiegen vom 2.X.56, 19.XII.56, 9.IX.57 und 19.XII.57 liegt er zwischen 1,1% und 1,3% wegen der weniger genauen Eichung, bzw. weil das Maximum nur einmal durchlaufen wurde. Der Wert vom 19.XII.57 wurde auf Empfindlichkeit 0,430 umgerechnet.

Der Barometerstand wurde durch Mittelbildung aus den Zweistundenwerten gewonnen, ebenso K_o, die Mesonenintensität des Weissenauer Teleskops und N, die Neutronenzahl der Weissenauer Neutronenanlage. Je nach dem zeitlichen Zusammenhang wurde gebildet $\bar{A} = 1/2 (A_1 + A_2)$ oder $\bar{A} = 1/4 (A_1 + 2A_2 + A_3)$. Der Meßwert des Teleskops und der Neutronenzählanlage wurde auf einen Luftdruck von 720 mm Hg umgerechnet.

Die experimentell bestimmte Korrektur ist:

$$\frac{\Delta K_o}{K_o} = \frac{0,0275}{cm\ Hg} \Delta P \quad bzw. \quad \frac{\Delta N}{N} = \frac{0,0988}{cm\ Hg} \Delta P$$

oder daraus:

$$K_o (720) = K_o (p) \exp \frac{0,00275}{mm\ Hg} (p - 720)$$

bzw.

$$N (720) = N (p) \exp \frac{0,00988}{mm\ Hg} (p - 720)$$

Der Bodenwert gibt die Zahl der Zählschritte an, die bei der Sonde in vier Minuten aufgetreten wären, wenn sie zur Zeit des Aufstieges bei einem Luftdurck von 720 mm Hg in Weissenau gemessen hätte. Der Wert wurde gewonnen durch Multiplikation von K_o mit der Empfindlichkeit und Umrechnen auf vier Minuten. Der Wert vom 19.XII.57 ist auf Empfindlichkeit 0,430 umgerechnet, vom 22.I.57 ist der gemessene Bodenwert in Klammern gesetzt. In je einer weiteren Spalte sind die Sonnenfleckenrelativzahlen der eidgenössischen Sternwarte Zürich und andere Ereignisse eingetragen, die eventuell mit Änderungen der kosmischen Strahlung im Zusammenhang stehen.

In Abb. 7 sind die Meßergebnisse der acht Flüge dargestellt. Die Werte sind noch unkorrigiert, die Daten vom 19.XII.57 auf Empfindlichkeit 0,430 umgerechnet. Die relativen Korrekturen wegen zufälliger Koinzidenzen und wegen des endlichen Auflösungsvermögens der Zählrohre sind für alle Aufstiege fast gleich, so daß sie beim Vergleich der Kurven nicht berücksichtigt werden müssen. Die Messungen können daher unmittelbar miteinander verglichen werden mit Ausnahme der vom 22. Januar 57.

Tabelle 4

Daten der Aufstiege in Weissenau

Datum	Uhrzeit (MEZ) Start, Gipfel, Landung			Maximale Höhe (km)	Sonde (Nr.)	Empfindlichkeit (Tab. 3)	I_{max} Zählschr./4 min	Barometer mm Hg	K_o Koinz./2 Std.	N Neutronen/2 Std.	Bodenwert Zählschr./4 min	Sonnenflecken R	Bemerkungen (MDE)
2. X.56	10,23	12,17	14,40	34	II/2	0,430	412	723,5	70050	62220	10,05	183	Nordlicht, 13,00 totaler MDE[++]
19.XII.56	11,37	13,07	14,37	25,5	II/3	0,430	379	732,0	70300	59880	10,10	151	10,00 totaler MDE
22. I.57	10,47	12,00	13,30	21	II/3	?	405	727,3	66560	52380	9,55 (10,50)	183	Nordlicht, starker magn. Sturm
16. V.57	15,35	16,49	18,10	19,5	III/2	0,430	371	725,0	69800	58640	10,02	185	Ionosphärensturm, 14,31; 13,45 tot. MDE
31. V.57	10,39	12,08	13,50	25,5	III/2	0,430	356	723,8	68910	58020	9,89	180	10,11 totaler MDE
1.VII.57	09,19	11,00	13,30	30,5	III/2	0,430	346	725,5	67560	56620	9,70	187	magn. Sturm Abklingphase, Nordlicht
9. IX.57	10,39	12,24	13,00	33	III/2	0,430	334	730,8	66700	54920	9,58	250	Forbusheffekt Abklingphase
19.XII.57	10,20	12,03	13,35	27,5	III/2	0,438	339[+]	731,0	68700	55920	9,85[+]	249	

[+] auf Empfindlichkeit 0,430 umgerechnet

[++] MDE = Mögel-Dellinger-Effekt

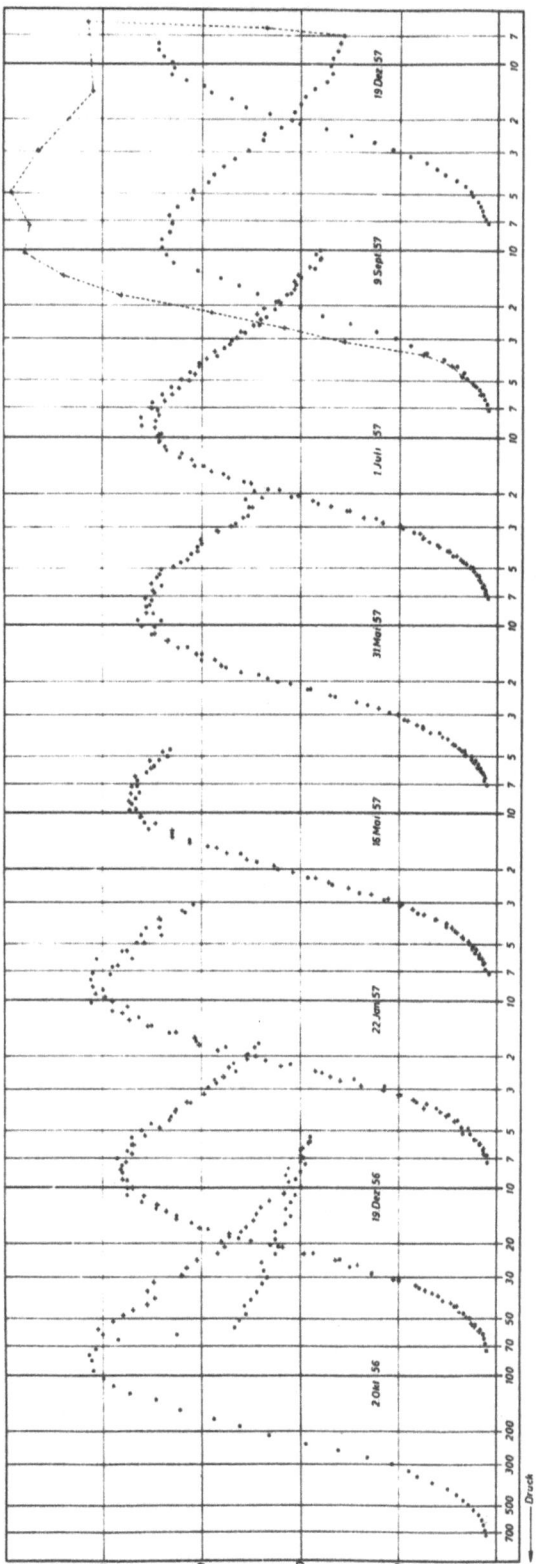

Abb. 7 Teilchenzahl der kosmischen Strahlung als Funktion des Luftdrucks bei den Ballonaufstiegen von Weissenau aus.

Die Kurven zeigen denselben Verlauf, jedoch ist die Höhe der Maxima verschieden. Am 2.X.56 und am 9.IX.57 zeigen sich Besonderheiten, auf die in Abschnitt 7 näher eingegangen wird. Am 19.XII.57 fiel kurz nach Erreichen des Maximums ein Zählrohr aus, so daß der Rest der Kurve unbrauchbar ist. Die maximale Intensität schwankt zwischen +12 und -9 % vom Mittelwert. Gleichzeitig schwanken die ionisierenden Teilchen am Boden zwischen +2,1 und -3,1 %, die Neutronen zwischen + 7,2 und -5,4 %.

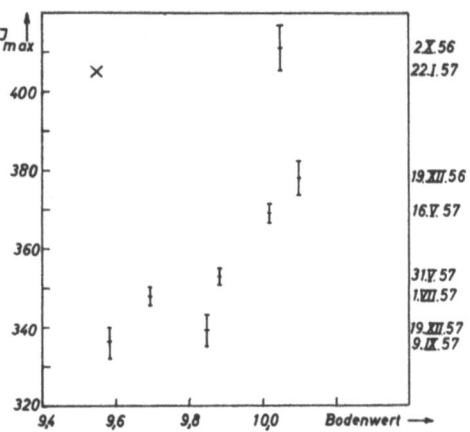

Abb. 8 Teilchenzahl im Maximum der Intensitäts-Höhenkurve als Funktion des Bodenwerts der ionisierenden Komponente.

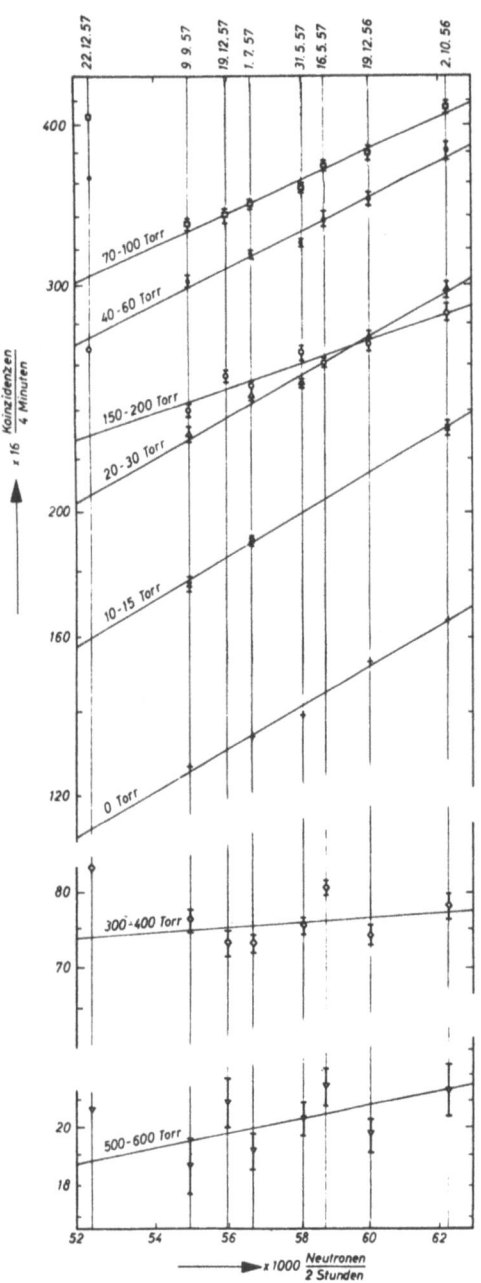

Abb. 9 Teilchenzahl der kosmischen Strahlung in verschiedenen Druckbereichen als Funktion des auf 720 mm Hg reduzierten Bodenwerts der Neutronen.

In Abb. 8 ist die Höhe der Maxima als Funktion des Bodenwerts aufgetragen. Fünf der Punkte schmiegen sich etwa einer Geraden an, drei Punkte liegen abseits, wobei die Lage des einen nicht sicher anzugeben ist (vgl. Abschnitt 7b). Bei den anderen beiden Punkten besteht kein Grund, die Meßwerte anzuzweifeln. Der am 2.X.56 auftretende Effekt und der Ausfall der Zählrohre am 19.XII.57 sind in der integralen Kurve durch einen scharfen Knick gekennzeichnet, der zeigt, daß die Störung nicht allmählich aufgetreten ist.

Nun sind aber die atmosphärischen Einflüsse auf die Mesonenkomponente durch die Barometerkorrektur nicht voll berücksichtigt. Die in Abb. 8 eingetragenen Bodenwerte sind nicht auf den Temperatureffekt korrigiert. EHMERT (17) hat gezeigt, daß sich mit Hilfe der Dichteverteilung der Luft in großen Höhen die Mesonenwerte korrigieren lassen, so daß Mesonen- und Nucleonenkomponente am Boden denselben Gang zeigen. Die Nucleonenkomponente unterliegt aber diesem Temperatureffekt nicht und liefert daher sofort ein Maß für die Primärstrahlung. Trägt man daher die Intensität während des Aufstiegs gegen die auf konstanten Luftdruck korrigierte Neutronenzahl am Boden auf, dann umgeht man die weitere Korrektur bezüglich des Temperatureffekts.

In Abb. 9 ist die Zählrate der Sonde in verschiedenen Druckbereichen als Funktion des auf 720 mm Hg reduzierten Bodenwerts der Neutronen dargestellt [+]. Abszissen- und Ordinatenmaßstab sind logarithmisch. Die Steigung der durch die Meßpunkte gezogenen Kurven gibt dann unmittelbar das Verhältnis der prozentualen Schwankungen von Neutronen und ionisierenden Teilchen in der betreffenden Höhe an. Bei den Intensitätswerten außerhalb des Maximums tritt als mögliche Fehlerquelle die Druckmessung hinzu. Die Streuung der Punkte wird dadurch etwas vergrößert.

Die Meßwerte von sieben der acht Aufstiege passen gut zueinander. Die Daten vom 22. Jan. 57 fallen aus dem Rahmen und werden im Abschnitt 7b näher behandelt. Die folgende Betrachtung beschränkt sich auf die übrigen Flüge. Am 1. Juli 57 und 9. September 57 fanden die Aufstiege während eines Forbush-Effekts statt. Der Kurvenverlauf ordnet sich dem übrigen Schema von Abb. 9 gut ein. Es zeigt sich hier, wie auch bei dem Breiteneffekt (4), das ähnliche Verhalten der Sturmeffekte und der langsamen Schwankungen.

Die in Abb. 9 eingezeichneten Linien sind diejenigen Geraden, für die die Summe der quadratischen Fehler am kleinsten ist. Die Abweichung ist immer kleiner als der doppelte, meist sogar als der einfache statistische Fehler.
Die Steigung der Geraden beträgt:

$$S_N(p) = \frac{d \ln K(p)}{d \ln N(720)} = \frac{dK(p)/K(p)}{dN(720)/N(720)} \qquad (5)$$

Dabei ist $S_N(p)$ die Steilheit beim Druck p bezüglich der Neutronenzahl am Boden, K(p) ist die Zahl der Koinzidenzen je vier Minuten beim Druck p, N(720) die korrigierte Neutronenzahl in der Dauerregistrieranlage.

Außer den direkt gemessenen Koinzidenzzahlen ist in Abb. 9 auch noch die Intensität der Primärstrahlung eingezeichnet. Diese wurde durch Extrapolation der Intensitäts-Druckkurven gewonnen. Abb. 10 zeigt einen vergrößerten Ausschnitt dieser Kurven mit linearem Druckmaßstab. Unterhalb eines Drucks von etwa 30 mm Hg liegen die Punkte auf einer Geraden, wie bei den Aufstiegen vom 2. Okt. 56, 1. Juli und 9. Sept. 57 zu sehen ist. Verlängert man diese Geraden über p = 0 hinaus, dann schneiden sie sich in einem Punkt auf der Abszisse. Von diesem Schnittpunkt aus wurden weitere Geraden zu den letzten Punkten der Aufstiege vom 19. Dez. 56 und 31. Mai 57 gezogen. Der Schnitt dieser Linien mit der Abszisse (p = 0) gibt einen guten Näherungswert für die Primärstrahlung. Wie die zugehörigen Punkte in Abb. 9 zeigen, passen die so erhaltenen Werte gut zueinander und wie weiter unten dargelegt ist, auch zu den übrigen Messungen.

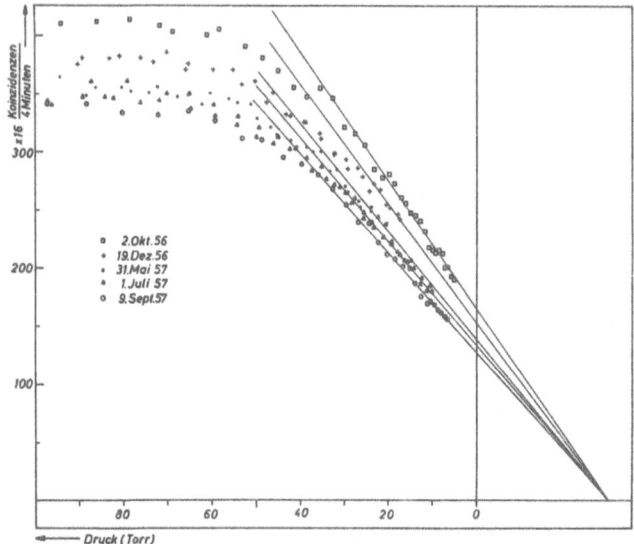

Abb. 10 Extrapolation auf die Primärstrahlung.

In Abb. 11 ist die Steilheit der Geraden von Abb. 9 als Funktion des Luft-

---

[+] Herrn Dr. G. PFOTZER danke ich herzlich für das Überlassen der Meßwerte der Weissenauer Neutronenanlage.

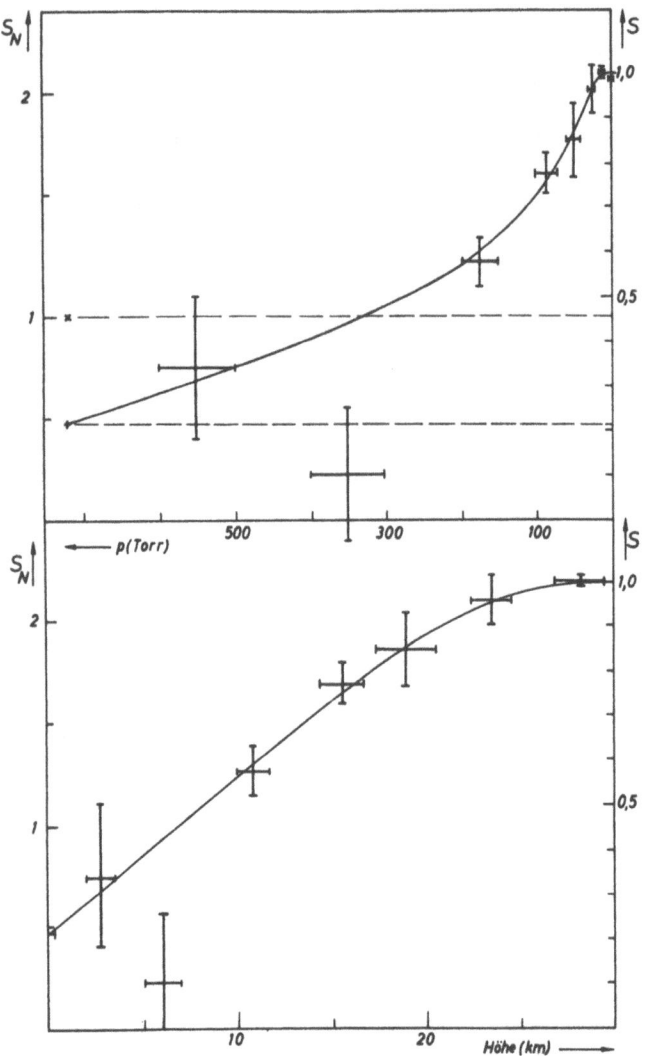

Abb. 11 Schwankungsverhältnis als Funktion des Luftdrucks und der Höhe.

drucks und als Funktion der Höhe aufgetragen. Die Höhe wurde nach einer realen Temperaturverteilung, für alle Aufstiege gemittelt, dem Druck zugeordnet. Der Wert bei 720 mm Hg ist aus Messungen der Dauerregistrieranlagen entnommen. Nach EHMERT (15) ist die relative Schwankung der kernaktiven Komponente in Weissenau am Boden 2,13 mal so groß wie die relative Schwankung der ionisierenden Komponente. $S_N(720)$ wird damit 0,47. Die Werte bei niedrigen Drucken schließen sich gut einer monoton steigenden Kurve an. Die Werte bei 300 - 400 mm Hg weichen stark ab. Jedoch ist der statistische Fehler der Punkte in Fig. 9 so groß, daß ein genaues Einzeichnen der Geraden unmöglich ist. Fraglich ist zunächst auch das Einmünden der Kurve für p = 0. Es läßt sich aber die Richtung der Tangente für p = 0 angeben. Da die Intensitätshöhenkurven für kleine Drucke in Gerade übergehen, deren Verlängerungen sich in einem Punkt der Abszisse schneiden, muß die relative Schwankung unabhängig vom Druck werden. Die Kurve S(p) mündet also mit waagerechter Tangente in den Wert S(0) ein. Die Tatsache, daß $S(10-15) \approx S(0)$ ist, zeigt, daß sich die extrapolierten Werte der Primärintensität gut den anderen Meßwerten anpassen. Aus Abb. 11 ergibt sich für $S_N(0)$ der Wert 2,17. Auf diesen Wert als Einheit ist die rechte Skala in Abb. 11 bezogen. Daraus ergibt sich folgende Zuordnung:

Ändert sich die Primärstrahlung um 1%, dann ändert sich die von der Sonde gemessene Intensität bei einer atmosphärischen Tiefe von:

    10 - 15 mm Hg um 1,00 %
    20 - 30 "   "   " 0,97 %
    40 - 60 "   "   " 0,86 %
    70 - 100 "   "   " 0,77 %
  150 - 200 "   "   " 0,58 %

Insbesondere ändert sich die Neutronenzahl am Boden um 0,46 % und die Zahl der ionisierenden Teilchen am Boden um 0,216 %. Mit Hilfe von Abb. 11, der Registrierung am Boden und einer der schon gemessenen Aufstiegskurven besteht die Möglichkeit, für jede Zeit die Intensitäts-Höhenkurve zu konstruieren. Ist $I(p, N_i)$ die Intensität beim Druck p, wenn am Boden die Neutronenintensität N_i gemessen wird, dann ergibt sich durch Integration von Gleichung 5:

$$\ln I(p, N_1) = \ln I(p, N_0) + S_N(p) \ln \frac{N_1}{N_0} \qquad (6)$$

Man erhält dabei eine "normale" Kurve. Dies erleichtert die Analyse der tatsächlichen Meßergebnisse auf andere Einflüsse, wovon in Abschnitt 7b Gebrauch gemacht wird.

6) Schwankungsverhältnis an verschiedenen Stationen.

Es fiel auf, daß das Verhältnis der Schwankungen der einzelnen Komponenten große Ähnlichkeit hat mit den Breitenfaktoren dieser Komponenten. In Abb. 12 ist das Schwankungsverhältnis als Funktion des Breiteneffekts aufgetragen. Die Breitenfaktoren für $49°$ geomagnetischer Breite betragen nach SIMPSON, FONGER und TREIMAN (6) für die Primärstrahlung 5,6, für die Neutronen am Boden 2,4 und für die Mesonen am Boden 1,1. Die Punkte liegen mit guter Näherung auf einer Geraden durch den Ursprung. Die Abweichungen sind kleiner als 5 % und liegen im Rahmen der Genauigkeit, mit der die einzelnen Punkte bestimmt sind. Daraus ergibt sich:

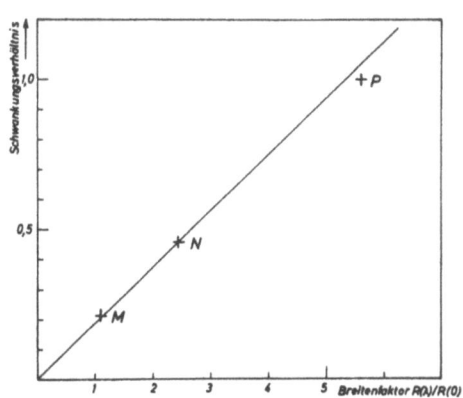

Abb. 12 Schwankungsverhältnis von Primärstrahlung, Neutronen- und ionisierender Komponente als Funktion des Breiteneffekts.

$$\frac{\Delta P}{P} \frac{P_o}{P} = \frac{\Delta N}{N} \frac{N_o}{N} = \frac{\Delta M}{M} \frac{M_o}{M} = F(t) \quad (7)$$

und daraus:

$$\frac{\Delta M/M}{\Delta P/P} = \frac{M/P}{M_o/P_o} \quad (8a) \qquad \frac{\Delta N/N}{\Delta P/P} = \frac{N/P}{N_o/P_o} \quad (8b)$$

sowie:

$$\frac{\Delta P}{P} = \frac{P}{P_o} F(t) \quad (9)$$

Dabei ist P, M und N die Intensität der Primärstrahlung, der ionisierenden Teilchen und der Neutronenkomponente in Meereshöhe in der gegebenen Breite. P_o, M_o und N_o sind die entsprechenden Werte am geomagnetischen Äquator, F(t) ist eine reine Funktion der Zeit. Die Gleichungen 7-9 gelten für unsere Messungen in Weissenau. Die Registrierung anderer Stationen paßt zum Teil gut in dieses Schema, zum Teil weichen die Werte sehr stark ab. Nach Gleichung 7 ist die relative Schwankung am Äquator für alle Komponenten gleich. Tatsächlich sind die relativen Schwankungen der Neutronen in Lae auf Neu Guinea ($8°S$) und der Ionisation in Huancayo ($0,7°S$) gleich groß. Jedoch sind sie etwas größer als die relative Variation der Mesonen im kubischen Teleskop in Weissenau (18), während zu erwarten wäre, daß sie um 10 % kleiner wären. FONGER (8) vergleicht die Schwankungen der Ionisation in Huancayo und Cheltenham ($48°N$) und findet ein Verhältnis 1 : 1,11 entsprechend dem Breitenfaktor 1,1. Wie aber schon FONGER hervorhebt, ist das Verhältnis zwischen Freiburg und Cheltenham nicht 1,00, wie es derselben geomagnetischen Breite entspräche, sondern 0,8. Für das Schwankungsverhältnis der Neutronen in Climax ($48°N$) [1] und der ionisierenden Komponente in Huancayo findet FONGER den Faktor 5, etwa das Doppelte dessen, was nach dem Breitenfaktor 2,4 zu erwarten wäre. NEHER und FORBUSH (6) werteten ebenfalls die Registrierungen von Huancayo, Cheltenham und Climax aus und fanden die Werte 1 : 1,1 und 1 : 3. Diese Zahlen stimmen besser zu unseren Messungen, wie auch das Verhältnis der Schwankungen der Ionisation in 50 g cm^{-2} atmosphärischer Tiefe über Bismarck ($58°N$) gegenüber der Ionisation in Cheltenham, das NEHER und FORBUSH (6) mit 7 : 1 entsprechend 7,7 : 1 gegenüber Huancayo angegeben. Nach VAN ALLEN (21) beträgt der Breitenfaktor der Primärstrahlung in $60°N$ etwa 10. Nach unseren Messungen ist das Schwankungsverhältnis in 50 g cm^{-2} atmosphärischer Tiefe, gegenüber der Primärstrahlung 0,92 : 1.

---

[1]) Climax ist ebenso wie Huancayo Gebirgsstation. Nach SIMPSON u. Mitarb. (7) ist aber der Breiteneffekt der Nucleonenkomponente in atmosphärischer Tiefe >370 mm Hg (Höhe ca. 5000 m) unabhängig vom Luftdruck.

Da aber zwischen 49° und 58° die energiearme Strahlung stark anwächst, ist es gut möglich, daß das Schwankungsverhältnis auf 0,77 : 1 abfällt. SIMPSON (9) hat zu Zeiten mit verschiedener Intensität der Primärstrahlung den Breiteneffekt zwischen 45° und 60°N in Flugzeughöhe bestimmt und vergleicht jeweils zwei Kurven miteinander. Die relative Differenz zwischen den Kurven ist praktisch unabhängig von der Breite. Leider gibt SIMPSON keine absoluten Werte für seine verschiedenen Flüge an, sonst könnten die Breitenkurven in ähnlicher Weise analysiert werden, wie die Aufstiegskurven in dieser Arbeit.

Das bis jetzt veröffentlichte Material macht es wahrscheinlich, daß die Gleichung 7 nicht nur zufällig für Weissenau gültig ist, sondern weltweite Gültigkeit hat. Die eingehende Untersuchung der Registrierungen im Geophysikalischen Jahr wird diese Frage endgültig klären.

Aus den Gleichungen 7 - 9 ergibt sich folgendes (19) :

1) Die relativen Schwankungen der Primärstrahlung und beider sekundären Komponenten sind am geomagnetischen Äquator gleich.

2) Das Verhältnis der Schwankungen der Sekundärkomponenten zu denen der Primärstrahlung nimmt im gleichen Maß ab wie die mittlere Ausbeute der Sekundären je Primärteilchen.

3) Aus Gleichung 9 läßt sich die Energieabhängigkeit der Schwankung bestimmen. Es ist die Intensität der Primärstrahlung in der geomagnetischen Breite λ :

$$P(\lambda, t) = \int_{\hat{E}(\lambda)}^{\infty} n(E, t) \, dE$$

Dabei ist E die kinetische Energie je Nucleon eines Primärteilchens in Einheiten von $m_o c^2$, $n(E,t)$ das differentielle Spektrum der Primärstrahlung und $\hat{E}(\lambda)$ die Grenzenergie für den Einfall der Teilchen in der Breite λ

Nach der Zeit Δt soll sich das Spektrum so verändert haben, daß gilt :

$$n(E, t + \Delta t) = n(E) \left[1 + f(E)\right]$$

wobei $f(E)$ klein gegen 1 bleiben soll. Die Intensität der Primärstrahlung ändert sich hierbei um :

$$\Delta P(\lambda) = \int_{\hat{E}(\lambda)}^{\infty} n(E) \, f(E) \, dE$$

Nach Gleichung 9 ist nun für einen festen Zeitpunkt :

$$\int_{\hat{E}(\lambda)}^{\infty} n(E) f(E) \, dE = \frac{P^2}{P_o} = \frac{1}{P_o} \left(\int_{\hat{E}(\lambda)}^{\infty} n(E) \, dE \right)^2$$

Differenziert man rechts und links nach $\hat{E}$, dann erhält man :

$$n(\hat{E}) f(\hat{E}) = \frac{2}{P_o} P(\hat{E}) n(\hat{E})$$

oder

$$f(\hat{E}) = \text{const } P(\hat{E})$$

Im breitenempfindlichen Energiebereich gilt daher mit $P(E) = \text{const } (E+1)^{-\gamma}$:

$$f(E) = \text{const } P(E) = \text{const } (E+1)^{-\gamma}$$

In diesem Bereich ist aber $\gamma \approx 1$ [1]) und wir erhalten

$$f(E) = \text{const } \frac{1}{E+1} \qquad (10)$$

---

[1]) SINGER (37) gibt in einer Zusammenfassung von Messungen verschiedener Autoren als Schwankungsbereich für den Exponenten $1,05 < \gamma < 1,25$ an.

Dies ist die erste Näherung für die Änderung des Primärspektrums, wenn auf die Primärstrahlung außerhalb des erdmagnetischen Dipolfelds ein elektrostatisches Feld einwirkt; d.h. jedes Teilchen einen festen Betrag Energie verliert. FONGER (8) leitet für diesen Fall eine Formel her, die mit unseren Bezeichnungen lautet:

$$f(E) = \frac{Z}{A_z} \frac{1}{1+E} \left[2 + \frac{2}{(1+E)^2} + \frac{2}{(1+E)^4} + \ldots + (\gamma + 1) \right] \tag{11}$$

Dabei ist Z die Kernladungszahl und A_z das Atomgewicht der gebremsten Kerne.

Unsere Messungen sind nach EHMERT (20) ein weiteres Argument dafür, daß die langsamen Schwankungen der kosmischen Strahlung und die Forbush-Effekte durch Schwankungen des elektrostatischen Potentials der Erde gegenüber dem fernen Raum verursacht werden.

7) Aufstiege mit besonderen Effekten. [1]

a) Aufstieg am 2. Oktober 1956.

Am 2. Oktober 1956 stieg zunächst mit zunehmender Höhe der Sonde auch die Intensität der Strahlung in derselben Weise an, wie bei anderen Aufstiegen. Um 11.2o Uhr, bei einem Druck von 70 mm Hg (ca 17 km Höhe) nach Durchlaufen des Maximums, fiel die Koinzidenzzahl steil ab bis auf 66 % des Wertes, der normalerweise zu erwarten gewesen wäre. Der Abfall wurde dann flacher und um 12.12 Uhr wird der normale Wert wieder erreicht. Die Sonde war mittlerweile bis zu einem Atmosphärendruck von 7 mm Hg (ca 32 km Höhe) gestiegen. 12.18 Uhr platzte bei 5,2 mm Hg (ca 34 km Höhe) der eine Ballon und die Sonde sank abwärts. Dabei stieg die Intensität in derselben Weise an, wie bei den anderen Aufstiegen (s. Abb. 7). Durch einen unglücklichen Zufall verklemmte sich bei 60 mm Hg das Zählwerk, so daß von da an keine Meßergebnisse gemeldet wurden. Es ist aber ausgeschlossen, daß der Effekt durch solch ein Klemmen des Zählwerks ausgelöst wurde, weil sonst in der integralen Kurve nach jeweils 300 Schritten ein Sprung auftreten müßte. Die Kurve verläuft aber stetig.

Wie Abb. 7 zeigt, schließt sich die Abstiegskurve ohne Sprung an die Aufstiegskurve an. Trägt man die Intensität in verschiedenen Höhen gegen die entsprechenden Werte des Aufstiegs vom 19. Dezember 1956 auf, dann liegen die Punkte für Aufstieg und Abstieg auf derselben Geraden (Abb.13). Es ist also nicht daran zu zweifeln, daß das Gerät während des Abstiegs einwandfrei arbeitete.

In Abb. 14 ist die Abweichung vom Normalwert als Funktion der Zeit dargestellt, darunter dieselbe Differenz, jedoch in Prozenten des Normalwertes. Der Effekt beginnt 11.2o Uhr, hat sein Maximum um 11.27 Uhr. Dann steigt die Koinzidenzenzahl etwa linear mit der Zeit an und erreicht

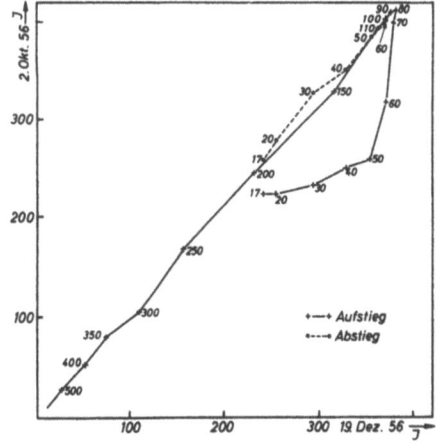

Abb. 13 Korrelation zwischen den Aufstiegen vom 2. Okt. 1956 und 19. Dez. 1956.

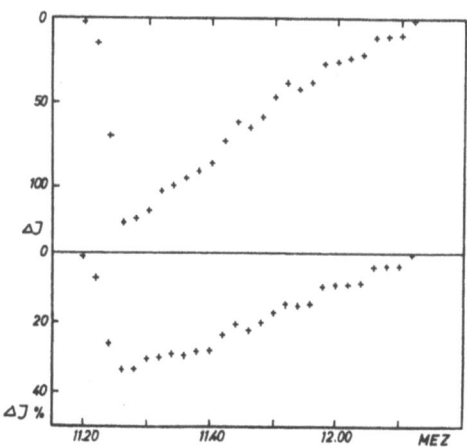

Abb. 14 Absolute und relative Abnahme der Koinzidenzzahl am 2. Okt. 1956 als Funktion der Zeit.

---

[1]) Die in diesem Kapitel vorkommenden Werte der Uhrzeit sind alle in MEZ angegeben.

um 12.12 Uhr wieder den Normalwert, noch ehe der niedrigste Druck erreicht war.

Wenn der Effekt dieselbe Ursache hätte, wie die längerdauernden Schwankungen der kosmischen Strahlung, dann müßte am Boden derselbe Effekt festgestellt werden, jedoch mit verringerter Amplitude. Der Ordinatenmaßstab wäre dann bei den Mesonen im Verhältnis 1 : 4 , und bei den Neutronen 1 : 1,8 zu vergrößern. Die Zwanzigminutenwerte von 11.40 Uhr und 12.00 Uhr müßten dann bei K_o um 6 % und 4,4 % und bei den Neutronen um 14,7 % und 10,6 % niedriger liegen. Entsprechend müßte der Zweistundenwert um 1,7 % bzw. 4,2 % kleiner sein. In der Registrierung am Boden trat jedoch kein derartiger Effekt auf.

Ein Rückgang der Koinzidenzzahl kann aber auch durch andere Effekte verursacht werden. Werden in einem Zählrohr viele Entladungen ausgelöst, dann geht die Ansprechwahrscheinlichkeit wegen der endlichen Auflösungszeit zurück (vgl. Abschnitt 3). Ist das Zählrohr Teil eines Teleskops, dann verringert sich dessen Zählrate entsprechend, wenn die auslösende Strahlung keine Koinzidenzen erzeugen kann, wie etwa γ-Strahlung. Da im vorliegenden Fall die Zahl der Dreifachkoinzidenzen auf 66 % des Normalwerts fiel, müßte die Ansprechwahrscheinlichkeit der Einzelzählrohre auf $\sqrt[3]{0,66} = 0,87$ zurückgegangen sein. Bei der gegebenen Totzeit von 215 μ sec bedeutet dies, daß im Maximum des Effekts in jedem Zählrohr 620 Entladungen je sec ausgelöst wurden. Bei normaler kosmischer Strahlung durchqueren in dieser Höhe in der Sekunde 30-35 Teilchen das Zählrohr, dieser Wert müßte also um das 17-20 fache überschritten worden sein. In Abb. 15 ist die Zahl der zusätzlichen Teilchen, die notwendig sind, den beobachteten Effekt zu erklären, als Funktion der Zeit aufgetragen.

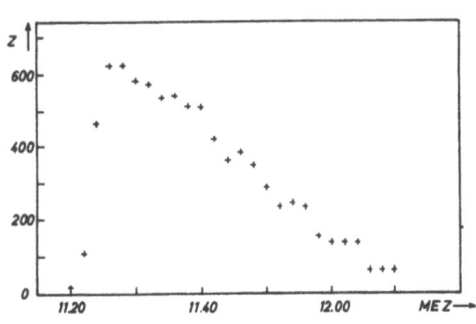

Abb. 15 Zunahme der Teilchenzahl im Einzelzählrohr als Funktion der Zeit.

WINCKLER und PETERSON (22) beobachteten am 1.VII.57 in Minneapolis (55°N) während eines Nordlichts einen Anstieg der Strahlung in einem Einzelzählrohr um 52 % und ANDERSON (23) am 29.VIII.57 in Fort Churchill (69°N) ebenfalls in einem Einzelzählrohr einen Anstieg um 24 % während eines starken magnetischen Sturmes. Bei beiden Flügen zeigte die mitgeführte Ionisationskammer einen ähnlichen Effekt, während das Teleskop bei ANDERSON zu dieser Zeit keine Besonderheiten anzeigte. Die Autoren führen den Effekt auf Röntgenbremsstrahlung zurück, die von den nordlichterzeugenden Teilchen ausgelöst wurde.

Am 2.X.56 war die Sonne aktiv. Das Institut für Ionosphärenforschung in Lindau meldete von 1.30 - 5.30 Uhr starke, von 6.00 - 6.30 Uhr, 20.30, 21.30 und 22.30 - 23.30 Uhr schwache, nordlichtähnliche Störungen und von 12.55 - 13.18 Uhr totalen Mögel-Dellinger-Effekt. Gleichzeitig, oder unmittelbar vor der von uns beobachteten Störung wurde aber kein anderer Effekt gemeldet. Es ergibt sich also kein direkter Hinweis auf die solare Herkunft dieses starken Strahlungsanstiegs.

Ein weiterer Umstand macht einen außerirdischen Ursprung der zusätzlichen Strahlung unwahrscheinlich. WINCKLER und ANDERSON beobachteten die zitierten Effekte in 8 g cm^{-2} atmosphärischer Tiefe. Bei unserem Aufstieg begann der Effekt schon bei 100 g cm^{-2}. Nun löst aber γ-Strahlung, die eine derartige Absorberschicht zu durchdringen vermag, Elektronen-Photonen-Kaskaden aus, die Koinzidenzen erzeugen würde. Eine Primärstrahlung, die erst in der Umgebung unseres Gerätes Bremsstrahlung erzeugen würde, müßte auch Koinzidenzen auslösen.

Die Quellen einer γ-Strahlung können aber auch dann in der Atmosphäre liegen, wenn radioaktive Teilchen in der Luft schweben. Im Anhang wird berechnet, wie sich die Impulszahl in einem Zählrohr ändert, wenn es durch eine radioaktive Wolke getragen wird. Es wurde das Modell einer solchen Wolke aufgestellt und dessen Parameter so gewählt, daß die errechnete Intensitäts-Höhenkurve mit unseren Messungen möglichst gut übereinstimmt. Danach würde die Aktivität der Luft in der Höhe h = 17,6 km

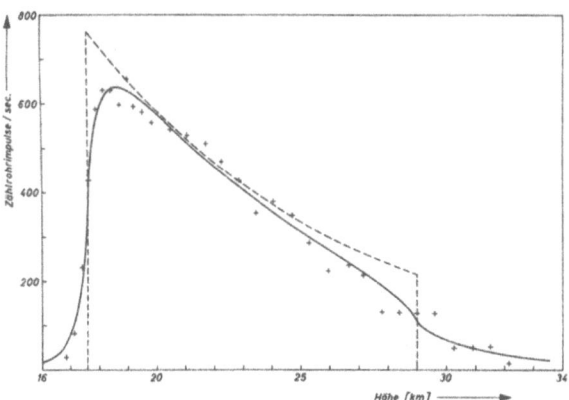

Abb. 16 Teilchenzahl in einem Zählrohr, das durch eine radioaktive Wolke getragen wird.

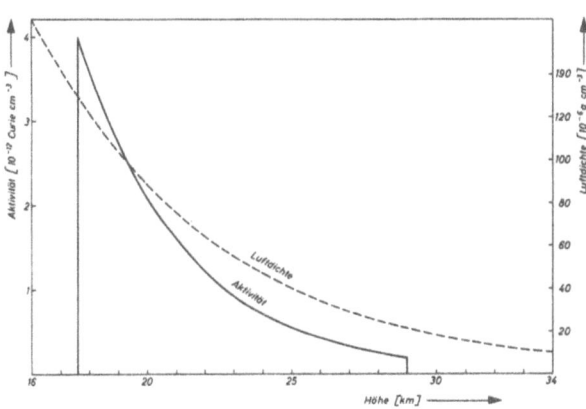

Abb. 17 Spezifische Aktivität in einer radioaktiven Wolke und Luftdichte als Funktion der Höhe.

einsetzen, mit exp 0,27 (17,6 km - h) abfallen und in etwa 29 km Höhe verschwinden. In Abb. 16 sind die für unser Modell errechnete Zählrohrimpulszahl und unsere Meßpunkte als Funktion der Höhe eingezeichnet. Dazu ist gestrichelt das Produkt aus Aktivität und Reichweite beim jeweiligen Luftdruck angegeben. Abb. 17 zeigt den Verlauf der Aktivität in unserem Modell im Vergleich mit dem der Luftdichte, die Aktivität nimmt mit der Höhe rascher ab. Es sind zwar die Luftschichten in der unteren Stratosphäre noch weitgehend durchmischt, wie die konstante Sauerstoffkonzentration beweist. Die schweren radioaktiven Kerne oder evtl. auch Staubpartikel zeigen jedoch verstärkte Sedimentation.

Um den Anstieg der Strahlung in 17,6 km Höhe richtig darstellen zu können, mußte ein geeigneter Wert für die Absorptionsschicht L' gewählt werden. Für $L' = 10,8$ g cm^{-2} wird die Anpassung am besten. Dies entspricht einer mittleren Energie der γ-Strahlung von 475 keV. Die Folgeprodukte einer Atombombenexplosion liefern γ-Strahlung mit 700 keV mittlerer Energie (24), der ermittelte Wert liegt im Bereich der Genauigkeit unseres Modells. Im August und September 1956 wurden eine Reihe atomarer Versuchsexplosionen ausgelöst und der radioaktive Fallout hatte in München im September ein Maximum (25). Es schwebten also zur Zeit des Aufstiegs Folgeprodukte von Kernwaffenexplosionen in der Luft.

Aus Gleichung 21 im Anhang läßt sich die absolute Aktivität in unserem Wolkenmodell errechnen. Es ist

$$A'(17,6) = \frac{760 \text{ sec}^{-1}}{21,2 \text{ cm}^2 \cdot 85 \cdot 10^3 \text{ cm}} \approx 4 \cdot 10^{-4} \text{ Zerfälle/sec cm}^3$$

Bei diesem Wert ist jedoch die geringe Ansprechwahrscheinlichkeit der Zählrohre für γ-Strahlung noch nicht berücksichtigt. Nach Versuchen von BRADT und Mitarbeitern (26) ist die Ansprechwahrscheinlichkeit eines Zählrohrs mit Messingkathode von 1 mm Stärke für Strahlung von 0,5 MeV etwa 0,25%. Da die Kathode unserer Zählrohre nur 0,5 mm stark ist, liegt der Wert für uns tatsächlich niedriger. Die Aktivität am unteren Rand unseres Wolkenmodells beträgt daher mindestens:

$$A(17,6) = 0,16 \text{ Zerfälle/sec cm}^3 \approx 4 \cdot 10^{-12} \text{ Curie/cm}^3$$

Die natürliche Radioaktivität am Erdboden beträgt im Mittel etwa $1,3 \cdot 10^{-16}$ Curie/cm^3 (27) [1]. Die Aktivität am unteren Rand unseres Wolkenmodells übertrifft diesen Wert um mehr als das 10 000-fache.

Die Anpassung der Strahlung unseres Wolkenmodells an die Messungen führt zu plausiblen Parametern. Ein Umstand läßt jedoch Bedenken aufkommen. Beim Abstieg des Geräts verursachte die

---

[1] Der Beitrag der Spaltprodukte zur Radioaktivität der bodennahen Luft ist im Mittel kleiner als 1‰ (28).

zusätzliche Strahlung in einem Zählrohr sicher weniger als 50 Entladungen je sec. Entsprechend Abb. 16 mußte die Sonde dann beim Abstieg mindestens 2 km von der Wolke entfernt sein. Da die Sonde 39 Minuten lang oberhalb 29 km Höhe schwebte, mußte die mittlere Relativgeschwindigkeit zwischen Wolke und Gerät 1 m/sec überschreiten, d.h. die Windgeschwindigkeit mußte auf 5 km Höhenunterschied um 2 m/sec zu- oder abnehmen, wenn sich die Windgeschwindigkeit mit der Höhe gleichmäßig änderte. Am 2.X.56 sind in Deutschland in so großen Höhen keine Windmessungen durchgeführt worden. Doch übertrifft der Gradient der Windgeschwindigkeit obigen Wert häufig auch an ruhigen Tagen.

Umgekehrt läßt sich aber auch ein Höchstwert abschätzen. Ein Anstieg der Windgeschwindigkeit um mehr als 20 m/sec in einem Höhenintervall von 5 km kommt wohl selten vor (am 1. und 3. XII. 58 zwischen Erdboden und 10 km Höhe gemessen). Dies entspricht beim Aufstieg unserer Sonde einer Versetzung des Geräts um 20 km innerhalb von 39 Minuten. Dies bedeutet, daß die Sonde beim Abstieg höchstens 18 km vom Wolkenrand entfernt sein konnte. SITTKUS (29) berichtet, daß an einem Tag in Freiburg Folgeprodukte einer anderen Atombombenexplosion abregneten als auf dem 12 km entfernten Schauinsland. Dies zeigt, daß die radioaktiven Wolken trotz ihres großen Reisewegs scharf begrenzt sein können, und die Tatsache, daß der Effekt nur beim Aufstieg beobachtet wurde, steht nicht im Widerspruch zu unserer Deutung. Anlaß zu Bedenken gibt der hohe Wert der Aktivität.

Die Ursache des Effekts vom 2. Oktober 1956 ist nicht sicher geklärt. Wir hielten es aber für notwendig, die möglichen Ursachen zu diskutieren.

b) Aufstieg am 22. Januar 1957.

Die Messung vom 22. Januar 57 zeigt für sich allein gesehen keine Besonderheit. Der Kurvenverlauf ähnelt dem bei anderen Aufstiegen, jedoch liegt im ganzen Druckbereich die Intensität höher, als den Bodenwerten entsprechen würde. Wie bereits erwähnt, konnte das Teleskop nicht geeicht werden. Die höchste, bei anderen Teleskopen gemessene Empfindlichkeit war 0,449 (Sonde II/2 im Sommer 57, das Gerät ist nicht gestartet). Bei Annahme dieses Werts würde die Kurve um etwa 4% höher sein. Die maximale Intensität wurde aber um 33% höher gemessen, als nach dem Bodenwert zu erwarten war. Eine Erhöhung der Empfindlichkeit um einen derart hohen Betrag ist nicht zu erklären. Im mechanischen Aufbau der Zählrohr sollten keine Größenschwankungen von mehr als 1% auftreten. Die Anordnung der Zählrohre ist praktisch festgelegt. Bei leicht erhöhter Zählspannung vergrößert sich der empfindliche Bereich der Zählrohre etwas (bei 100 Volt etwa um 5%). Durch Nachentladungen werden höchstens die zufälligen Koinzidenzen vermehrt. Wenn diese aber einen merklichen Beitrag zu den echten Koinzidenzen bringen, dann ist auch die Ansprechwahrscheinlichkeit der Zählrohre für Teilchen stark reduziert. Es wären dann größere Abweichungen in der Form der Aufstiegskurve zu erwarten.

Gegen eine so viel größere Empfindlichkeit spricht auch, daß der hohe Wert nur im Maximum und im Druckbereich 40-60 mm Hg auftritt. Im Bereich 150-200 mm Hg ist die Koinzidenzzahl um 28% zu hoch, zwischen 300 und 400 mm Hg sowie zwischen 500 und 600 mm Hg überschreitet die Intensität den Erwartungswert nur noch um 13%. Vor dem Start registrierte die Sonde noch sechzehn Minuten lang am Boden. Es wurden dabei $10,5 \pm 0,5$ Imp/4 min gezählt. Der Wert liegt um 10% höher, als der Dauerregistrierung nach zu erwarten war, wobei noch nicht berücksichtigt ist, daß die Sonde im Freien stand, während sie sonst unter einem Holzdach geeicht wurde. Die 3 g/cm^2 Holz würden die Koinzidenzzahl nochmals um 1% absenken. Daraus ist zu schließen, daß die Empfindlichkeit der Sonde am 22. Januar 57 kaum höher als 110% bzw. 0,473 war.

Für die beiden Extremfälle der Empfindlichkeit der Sonde 0,430 und 0,473 ist in Abb. 18 die Aufstiegskurve gezeichnet zusammen mit der Normalkurve, die sich aus dem Bodenwert der Neutronen, der Aufstiegskurve vom 9. September 57 und Gleichung 6 errechnet. Die gemessene, unkorrigierte Kurve liegt durchweg über der Normalkurve. Die korrigierte Kurve deckt sich bis etwa 350 mm Hg mit der errechneten, steigt dann aber auch über sie hinweg. Im oberen Teil von

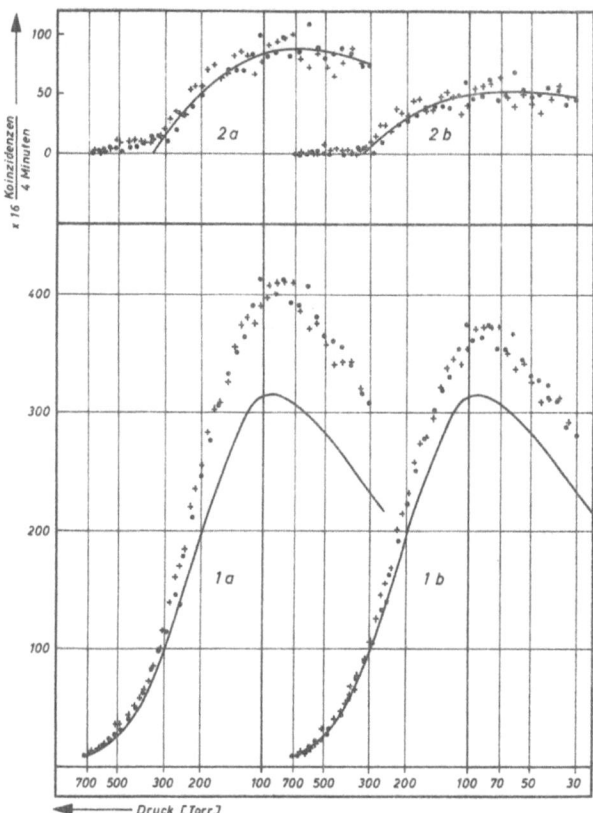

Abb. 18 Aufstiegskurve vom 22. Januar 57 und "Normalkurve".

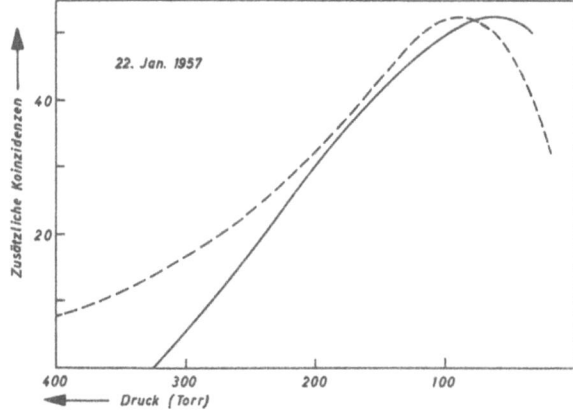

Abb. 19 Zusätzliche Strahlung am 22. Januar 57 und normierte "Normalkurve".

Abb. 18 ist die Differenz der beiden Kurven als Funktion von ln p eingezeichnet und durch die Punkte jeweils eine passende Kurve gezogen.

Der Knick bei 300 mm Hg deutet darauf hin, daß die Strahlung aus zwei Bestandteilen verschiedener Herkunft besteht. Der eine, größere Teil verhält sich so, wie es nach den übrigen Aufstiegen zu erwarten wäre. Der andere Teil wird in der Atmosphäre rasch absorbiert. In Abb. 19 ist die Kurve 2b von Abb. 18 mit linearem Druckmaßstab gezeichnet und dazu gestrichelt die Normalkurve für den 22. Januar 57. Letztere ist dabei so normiert, daß die Maxima dieselbe Höhe haben. Die zusätzliche Strahlung zeigt nur einen geringen Übergangseffekt und erreicht ihr Maximum schon bei 60-70 mm Hg anstatt bei 90 mm Hg und fällt anschließend steiler ab, als die Normalkurve. Beide Effekte zeigen, daß die mittlere Energie der zusätzlichen Strahlung geringer ist, als die der normalen.

Auch die Daten der Dauerregistrieranlagen in Weissenau zeigen eine Änderung der Form des Primärspektrums an. Die Größe des Sturmeffekts beträgt bei den ionisierenden Teilchen 6,2 %, bei den Neutronen 10 %. Das Schwankungsverhältnis beträgt 1 : 1,61 anstatt 1 : 2,13, wie es sonst bei Forbush-Effekten gemessen wird. Der energiearme Teil der Strahlung wurde relativ weniger geschwächt, als der energiereiche. Auch bei anderen großen Sturmeffekten wurde beobachtet, daß die energiereiche Strahlung relativ stärker beeinflußt wurde (30). Die normalen Schwankungen werden dadurch verursacht, daß jedes Teilchen, unabhängig von seiner Energie, einen konstanten Energiebetrag verliert (vgl. S. 38). Es müßte also am 22. Januar 57 der Energieverlust mindestens in einem gewissen Bereich mit der Energie wachsen, oder energiereiche Teilchen in irgendwelchen Feldern stärker beeinflußt werden, als die energiearmen. Beides ist sehr unwahrscheinlich. Die energiearmen Teilchen müssen zusätzlich injiziert worden sein.

Die Quelle für diese zusätzliche Strahlung ist wahrscheinlich die Sonne. Sie war am

22. Januar 57 außerordentlich aktiv. Die Summe der erdmagnetischen Kennziffern betrug am 21. 35 und am 22. 36. Ein starker magnetischer Sturm, sowie ein Nordlicht zeigen, daß die Sonne Partikelwolken ausgestoßen hat. Dabei können auch Teilchen mit Energien von einigen GeV erzeugt worden sein, die auf Umwegen zur Erde gelangten. (Weissenau lag zur Zeit des Aufstiegs nicht in einer Einfallszone). Nach den Messungen der Dauerregistrieranlage in Weissenau hat der Zustrom energiearmer Teilchen noch einige Tage angehalten, denn die Neutronenzahl blieb relativ hoch. Gleichzeitig trat ein Tagesgang auf, der wahrscheinlich durch Anisotropie der zusätzlichen Strahlung verursacht wurde.

c) Aufstieg am 9. September 1957.

Am 9. September 57 verlief die Aufstiegskurve bis zu einer Höhe von sieben mm Hg (ca 32 km Höhe) normal. Um 12.2o Uhr stieg in dieser Höhe die Koinzidenzenzahl rasch an und erreichte um 12,24 Uhr ihr Maximum. Etwa gleichzeitig platzten beide Ballone, so daß der Abstieg ziemlich rasch verlief. Die Koinzidenzenzahl durchlief dabei wieder ein Maximum, das aber zu einem Druck von 50-60 mm Hg verschoben und etwa um 50 % höher war, als beim Aufstieg. Bei 400 mm Hg wurde die normale Koinzidenzenzahl wieder erreicht. Abb. 20 zeigt die zusätzliche Koinzidenzenzahl als Funktion des Drucks und Abb. 21 den relativen Anstieg als Funktion der Zeit.

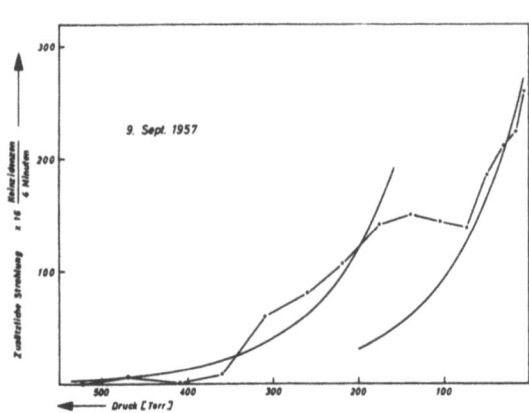

Abb. 20 Zusätzliche Koinzidenzzahl am 9. September 1957 als Funktion des Drucks.

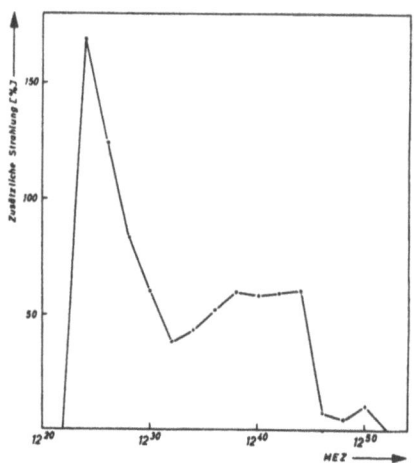

Abb. 21 Relativer Anstieg der kosmischen Strahlung am 9. September 1957 als Funktion der Zeit.

Die Tatsache, daß der Effekt praktisch am Gipfel des Flugs begann, legt den Verdacht nahe, daß im Gerät Überschläge der Hochspannung aufgetreten waren. Darum wurde die Sonde anschließend in der Unterdruckkammer untersucht. Bis zu einem Druck von 5 mm Hg zeigten sich keinerlei Anzeichen für Überschläge. Die Koinzidenzzahl war normal.

In einem weiteren Versuch wurde die Isolation stellenweise entfernt, so daß die Stecker der Zählrohre frei lagen. Beim Auspumpen der Druckkammer arbeitete die Sonde einwandfrei bis etwa 35 mm Hg . Dann traten vereinzelt Überschläge auf, die sich auf dem Oszillographen deutlich von den Koinzidenzen unterscheiden ließen, wenn man die Spannung an der Anode der Rossiröhren beobachtete. Die Zahl der Überschläge wuchs bei sinkendem Luftdruck, bis sich bei 3 mm Hg eine Dauerentladung ausbildete, die im Dunkeln direkt zu beobachten war. Die Erscheinungen verschwanden allmählich wieder, als langsam Luft in die Unterdruckkammer einströmte und bei einem Druck größer als 50 mm Hg traten mit Sicherheit keine wilden Entladungen mehr auf.

Da beim Abstieg der Sonde die zusätzlichen Koinzidenzen bei 300 mm Hg noch deutlich zu erkennen sind, glauben wir, daß der Effekt durch eine zusätzliche, ionisierende Strahlung ausgelöst wurde. Die Dauerregistrieranlagen für Mesonen und Neutronen zeigten in der fraglichen Zeit keinen Anstieg der Strahlung, der über die statistischen Schwankungen hinausging. Im Zeitintervall von 12.2o Uhr bis

12.4o Uhr betrug die mittlere Intensität der zusätzlichen Strahlung etwa 150 Zählschritte je vier Minuten bei einem mittleren Druck von 70 mm Hg. Da bei K_o (720) kein Anstieg beobachtet werden konnte, war die zusätzliche Strahlung am Boden kleiner als der statistische Fehler in diesem Intervall, d.h. kleiner als 1%. Das Verhältnis der Intensitäten in 70 und 720 mm Hg beträgt daher mindestens

$$150 : 0,01 \times 10 = 150 : 0,1$$

Daraus ergibt sich für die Absorptionslänge der zusätzlichen Strahlung L:

$$L = \frac{650 \text{ mm Hg}}{\ln 1500} = 90 \text{ mm Hg} = 122 \text{ g cm}^{-2}$$

Für die Nucleonenkomponente beim solaren Ausbruch vom 23.II.56 stellt PFOTZER eine Absorptionslänge von 100 g cm^{-2} fest. (31) In Abb. 20 sind zwei Abklingkurven für $L = 122$ g cm^{-2} eingetragen. Es scheint, daß die einfallende Strahlung auch einen Übergangseffekt auslöst, denn bei der vorgegebenen Absorption würde der Anstieg der Primärstrahlung unwahrscheinlich hoch (das Vierfache des gemessenen Werts). Dabei dürfen Mesonen, die noch bis Seehöhe durchlaufen, nicht in nennenswerter Zahl erzeugt worden sein. Die Energie der Strahlung dürfte daher die Grenzenergie für Weissenau (2,8 GeV für Protonen bei senkrechtem Einfall) nur wenig überschritten haben.

Bemerkenswert ist, daß am 9. September und 22. Januar 57 die zusätzliche Strahlung etwa von derselben atmosphärischen Tiefe an nicht mehr nachzuweisen ist. WINCKLER (32), der am 23. Februar 56 siebzehn Stunden nach der großen Eruption einen Ballonaufstieg mit einem Teleskop durchführte, konnte erst oberhalb 220 mm Hg vermehrte Koinzidenzen feststellen. Der Effekt war um diese Zeit am Boden auch bei den Neutronen abgeklungen.

Am 9. September 57 waren Erdmagnetismus und Ionosphäre verhältnismäßig ruhig, die Dauerregistrieranlage in Weissenau verzeichnete einen kleinen Forbush-Effekt. Zwischen 8.oo Uhr und 8.5o Uhr wurde auf der Sonne eine Eruption der Stärke 2 beobachtet. Der zeitliche Abstand von 4 Stunden ist für einen direkten Zusammenhang sehr groß.

POMERANTZ (33) beobachtete bei einigen Flügen in den Jahren 1951 und 1952 in großer Höhe einen Anstieg der kosmischen Strahlung im Zusammenhang mit Eruptionen auf der Sonne. WINCKLER und ANDERSON (34) registrierten am 26. August 55 bei einem Flug in Flin Flon (64,5°N) und eine Stunde später in Minneapolis (55°N) einen Anstieg der Dreifachkoinzidenzen um etwa 100%. Die Autoren geben keinen Zusammenhang mit Ereignissen auf der Sonne an. CORRIGAN, SINGER, SWETNICK (35) registrierten am 9. August 57 in 7600 m Höhe zweimal einen Anstieg der kosmischen Strahlung um 30% während 2 Minuten. Die Ereignisse folgten einer chromosphärischen Eruption nach 20 bzw. 60 Minuten.

8) Anhang

a) Bestimmung der Korrekturen für die Aufstiegsergebnisse.

Um die Korrekturwerte für die Aufstiegskurven bestimmen zu können, benötigt man die Winkelausblendung der Zählrohranordnung. Bei Teleskopen mit kleinem Gesichtsfeld läßt sich ein analytischer Ausdruck angeben, der das Verhältnis der empfindlichen Fläche $F(\vartheta)$ zur Gesamtfläche F_o angibt.

Bei zwei quadratischen Flächen mit der Seitenlänge l im Abstand h ist nach SCHRÖPL (36) für $h \, \text{tg}\,\vartheta \leq l$

$$F(\vartheta) = l^2 + \frac{h^2}{\pi} \text{tg}^2 \vartheta - \frac{4}{\pi} l \, h \, \text{tg}\,\vartheta. \tag{12}$$

Im vorliegenden Fall führt die Formel nicht zum Ziel, da die Annäherung des Teleskops durch zwei unendlich dünne Zählflächen zu schlecht ist.

Die Empfindlichkeitsverteilung $W(\vartheta) = F(\vartheta)/F_o$ wurde daher durch Schattenwurf an einem Modell bestimmt.

Die Koinzidenzzahl im Teleskop ist :

$$K(p) = 2\pi F_0 \int_0^{\pi/2} I(\vartheta, p) \sin\vartheta\, W(\vartheta) \cos\vartheta\, d\vartheta = \pi F_0 \int_0^{\pi/2} I(\vartheta, p) W(\vartheta) \sin 2\vartheta\, d\vartheta \qquad (13)$$

Dabei ist p der Luftdruck, I die gerichtete Intensität. Es wurde nun angenommen, daß I nur von der durchlaufenen Luftmasse abhängt, daß also $I(\vartheta, p) = I(0, p/\cos\vartheta)$ ist. Mit dieser Annahme und der Aufstiegskurve K (p) kann das Verhältnis $I(\vartheta, p)/I(0, p)$ für konstanten Druck näherungsweise bestimmt werden. Gleichung 13 wird dann zu :

$$K(p) = \pi F_0 I(0, p) \int_0^{\pi/2} \frac{I(\vartheta, p)}{I(0, p)} W(\vartheta) \sin 2\vartheta\, d\vartheta \qquad (14)$$

Das Integral wurde graphisch bestimmt. Aus der Funktion $K(p)/I(0, p) = g(p)$ und der Aufstiegskurve K (p) erhält man eine erste Näherung für I (0, p). Nimmt man letztere als Ausgangspunkt für die Bestimmung der Richtungsverteilung der Strahlung, dann läßt sich der Wert durch Iteration verbessern. Die dritte und vierte Näherung unterscheiden sich nur noch geringfügig von einander, so daß die vierte Näherung den Verlauf der Vertikalintensität mit der Höhe gut angibt.

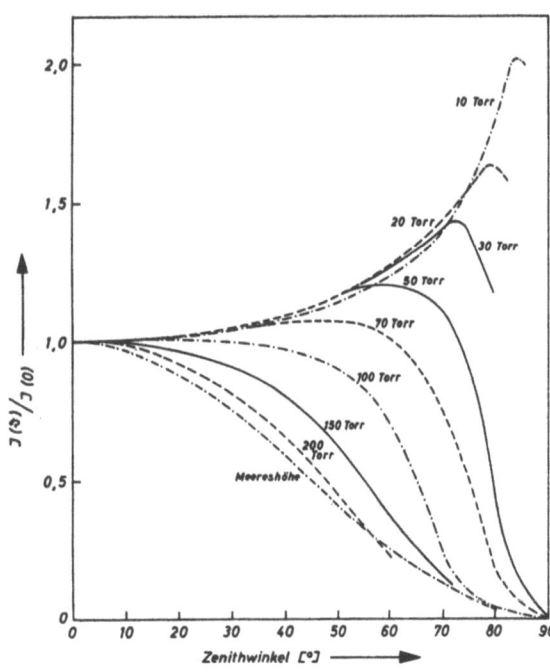

Abb. 22 Mittlere Zenitwinkelverteilung der kosmischen Strahlung in verschiedener atmosphärischer Tiefe über Weissenau.

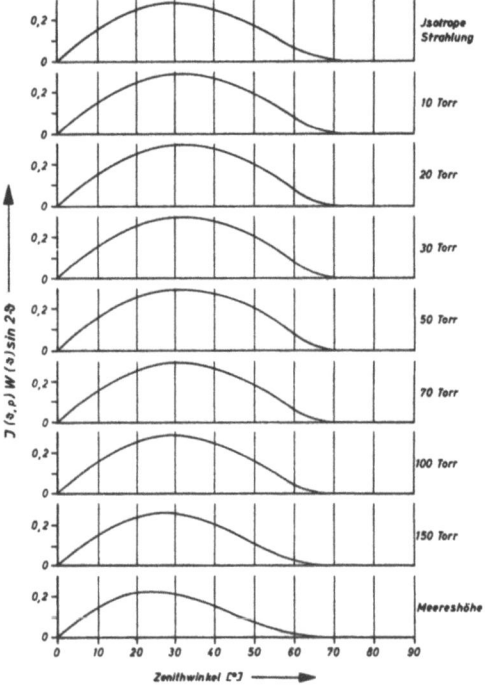

Abb. 23 Zenitwinkelverteilung der vom Sondenteleskop registrierten Strahlung in verschiedener atmosphärischer Tiefe.

Abb. 22 zeigt die Abhängigkeit der Intensität vom Zenitwinkel und Abb. 23 die Integranden von Gleichung 13 in verschiedenen Höhen. In Abb. 24 ist I (0, p) für den Aufstieg vom 2. Oktober 56 dargestellt. Die gestrichelte Kurve zeigt den unkorrigierten Wert. Die Funktion g (p) ist ebenfalls eingezeichnet. g (p) ist für jeden Aufstieg etwas anders. Die Abweichung ist aber kleiner als 2 %, weil sich die Differenz praktisch nur bei großen Zenitwinkeln bemerkbar macht. Da für die Betrachtungen in Abschnitt 5 die Kenntnis der Vertikalintensität nicht nötig ist, bei den Korrekturen aber diese Genauigkeit ausreicht, wurde davon abgesehen, das Verfahren für die anderen Aufstiege zu wiederholen.

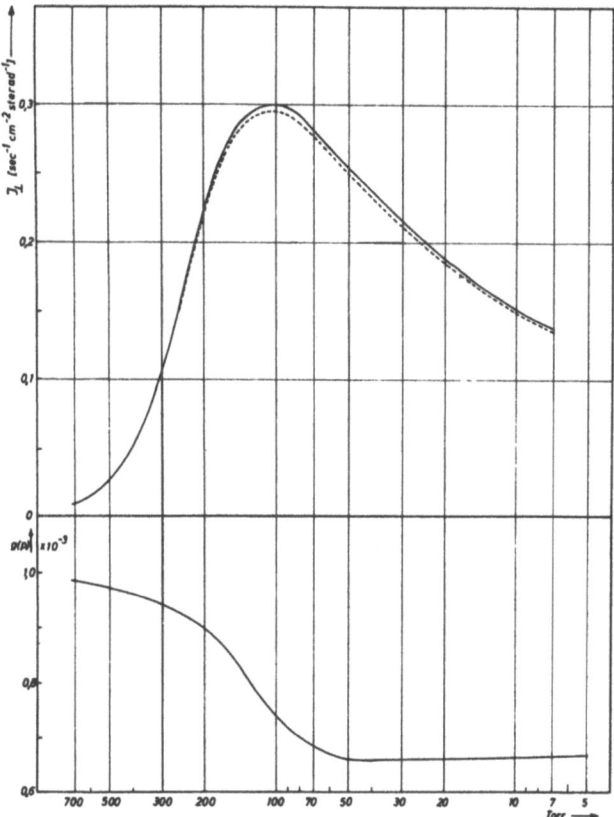

Abb. 24 Vertikalintensität $I_\perp$ der kosmischen Strahlung als Funktion der atmosphärischen Tiefe über Weissenau am 2. Oktober 1956.

Verhältnis der Koinzidenzzahl im Sondenteleskop zur Vertikalintensität als Funktion der atmosphärischen Tiefe, g (p).

Die Aufstiegskurven sind noch zu korrigieren wegen des endlichen Auflösungsvermögens der Zählrohre. Dazu muß die Impulszahl im Zählrohr bekannt sein. Die Impulszahl in einem Zählrohr der Länge l und mit dem Durchmesser d, das einer isotropen Strahlung der Intensität $\bar{I}$ ausgesetzt ist, beträgt:

$$z = (\frac{ld}{2} + \frac{d^2}{4})\pi^2 \bar{I} \qquad (15)$$

Für die Zählrohre unserer Sonde ist:

$$z = 139,5\ \bar{I}$$

Zur Bestimmung der Impulszahl während des Flugs wird $\bar{I}$ angenähert durch die mittlere Intensität der Strahlung $\frac{\Phi}{2\pi}$. Dabei ist Φ die gesamte, aus dem oberen Halbraum einfallende Strahlung

$$\Phi = I(0,p) \int_0^{\pi/2} \frac{I(\vartheta,p)}{I(0,p)} 2\pi \sin\vartheta\, d\vartheta \qquad (16)$$

Nun ist die Koinzidenzzahl im Teleskop:

$$K(p) = F_0 I(0,p) \int_0^{\pi/2} \frac{I(\vartheta,p)}{I(0,p)} W(\vartheta) \cos\vartheta \sin\vartheta\, 2\pi\, d\vartheta \qquad (17)$$

Aus Gleichung 16 und 17 ergibt sich:

$$2\pi \bar{I} = \Phi = \frac{K(p)}{F_0} \frac{\displaystyle\int_0^{\pi/2} \frac{I(\vartheta,p)}{I(0,p)} \sin\vartheta\, d\vartheta}{\displaystyle\int_0^{\pi/2} \frac{I(\vartheta,p)}{I(0,p)} W(\vartheta) \sin\vartheta \cos\vartheta\, d\vartheta} = \frac{K(p)}{F_0} V(p) \qquad (18)$$

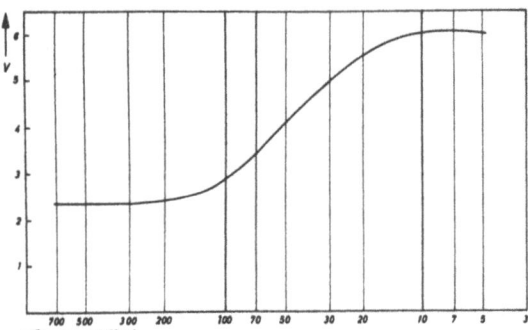

Abb. 25 Verhältnis der Gesamtintensität der kosmischen Strahlung zu dem Anteil, der vom Sondenteleskop registriert wird.

Die Integrale wurden graphisch bestimmt. Abb. 25 zeigt die Funktion V (p) als Funktion der atmosphärischen Tiefe. In Tabelle 5 ist $\overline{I}$ für verschiedene Drucke beim Aufstieg vom 2. Oktober 1956 eingetragen.

Im Wert von z sind die Teilchen nicht berücksichtigt, deren Reichweite zwischen 0,42 und 2,1 g cm^{-2} Messing liegt. Ihr Anteil dürfte aber unter 15 % liegen.[1] Damit ist der Einfluß auf die Koinzidenzzahl unter 0,3 % und zu vernachlässigen.

Tabelle 5

Mittlere Intensität der kosmischen Strahlung, Entladungszahl im Zählrohr und Zahl der zufälligen Koinzidenzen in verschiedenen Höhen

Druck (mm Hg)	10	20	30	50	70	100	130	150
$\overline{I}$ (sec^{-1}cm^{-2}sterad^{-1})	0,197	0,233	0,238	0,221	0,202	0,168	0,140	0,120
z (sec^{-1})	27,5	32,5	33,2	30,8	28,2	23,4	19,5	16,7
$3 \cdot z\tau$ ($\cdot 10^{-3}$)	17,7	21,0	21,4	19,7	18,2	15,1	12,6	10,8
AW = exp $-3z\tau$	0,982	0,979	0,979	0,980	0,982	0,985	0,987	0,989
K_{II}/K_{III}	1,90	1,92	1,90	1,82	1,73	1,60		1,52
K_{III}/K	0,996	0,994	0,994	0,995	0,996	0,997	(0,998)	0,998

Zur Bestimmung der Zahl der zufälligen Koinzidenzen benötigt man das Verhältnis der Zweifachkoinzidenzen zur Zahl der Dreifachkoinzidenzen. Es ist:

$$K_{II}/K_{III} = \frac{\int_0^{\pi/2} W_{II}(\vartheta) I(\vartheta, p) \sin 2\vartheta \, d\vartheta}{\int_0^{\pi/2} W_{III}(\vartheta) I(\vartheta, p) \sin 2\vartheta \, d\vartheta} \quad (19)$$

$W_{II}(\vartheta)$ wurde nach Formel 12 bestimmt für ein Teleskop aus zwei Zählflächen mit einer Seitenlänge von 85 mm im Abstand von 14 mm. Wegen der flachen Einfallwinkel kam die Bestimmung durch Schattenwurf nicht in Frage. Abb. 26 zeigt $W_{II}(\vartheta)$. Da die beiden, dicht aufeinander liegenden Zählrohrlagen auch noch Teilchen registrieren können, die unter $\vartheta \approx 90°$ einfallen, wurde die Kurve so ergänzt, wie die gestrichelte Linie zeigt. Die Integrale von Gleichung 19 wurden graphisch ausgewertet. In Tabelle 5 ist K_{II}/K_{III} und K_{III}/K eingetragen.

---

[1] Bei WINCKLER (34), in dessen Teleskop ein Teilchen nur 0,2 g cm^{-2} durchlaufen mußte, um eine Koinzidenz auszulösen, wurde die Intensität nach Einlegen von 3,5 g cm^{-2} Aluminium um 20 % verringert.

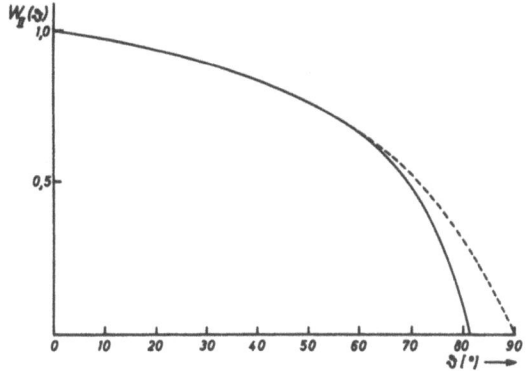

Abb. 26 Empfindlichkeitsverteilung eines Teleskops, das aus zwei aufeinander liegenden Zählrohrlagen gebildet wird.

b) Vertikale Intensität am 2. X. 56

In Abb. 24 ist die vertikale Intensität am 2. Oktober 1956 als Funktion des Drucks eingetragen. Die ausgezogene Kurve zeigt den korrigierten Wert. Der Maximalwert beträgt $0{,}299 \pm 0{,}003$ Teilchen $\sec^{-1} cm^{-2} sterad^{-1}$, die $2{,}1$ g cm^{-2} Messing durchdringen, die nach Abb. 10 extrapolierte Primärintensität ist $0{,}116$ Teilchen $\sec^{-1} cm^{-2} sterad^{-1}$. SINGER (37) gibt für die Intensität der Protonen in $49°$ geomagnetischer Breite den Wert $0{,}12$ $\sec^{-1} cm^{-2} sterad^{-1}$ an. Von unserem Wert sind noch die Zahl der α-Teilchen mit etwa 10% und die Albedostrahlung abzuziehen, die ebenfalls etwa 10% ausmacht. Die von uns gemessene Intensität der Protonen $0{,}093$ $\sec^{-1} cm^{-2} sterad^{-1}$ ist damit um etwa 20% niedriger, als sie SINGER angibt.

Als Ursache für den zu kleinen Intensitätswert ergeben sich folgende Möglichkeiten:

1) Das allgemeine Niveau der primären kosmischen Strahlung ist um 20% abgesunken. Die von SINGER verwandten Daten stammen aus der Zeit 1949-53, also aus dem Sonnenfleckenminimum.

2) Nach SIMPSON (38) soll der effektive erdmagnetische Dipol gegen den konventionellen um $45°$ nach Westen gedreht sein. Die geomagnetische Breite von Weissenau verschiebt sich damit von $49°$ nach $40{,}5°$ N. Nach SINGER ist für diese Breite die Intensität der primären Protonen etwa $0{,}08$ $\sec^{-1} cm^{-2} sterad^{-1}$. Der gemessene Wert wird damit zu hoch.

3) Das von uns verwandte Teleskop relativ großer Öffnung ist für solche Absolutmessungen weniger geeignet, weshalb von einer eingehenden Analyse obiger Differenz abgesehen wird.

c) Impulszahl in einem Zählrohr, das in einem radioaktiven
Medium eingelagert ist.

Die Teilchenzahl, die ein Zählrohr durchdringt, das in einem radioaktiven Medium liegt, läßt sich berechnen, jedoch sind einige Vereinfachungen nötig. Das Zählrohr sei angenähert durch eine Kugel mit derselben Oberfläche. Unseren Zählrohren würde eine Kugel mit Radius r_o = 2,6 cm entsprechen.

Der Raumwinkel, unter dem eine Kugel im Abstand r gesehen wird, ist:

$$\omega' = 2\pi (1 - \sqrt{1 - r_o^2/r^2})$$

Für $r \gg r_o$ wird:

$$\omega = \frac{\pi r_o^2}{r^2} \tag{20}$$

und für $r \to r_o$ wird $\omega_o = 2\pi$

Rechnet man mit ω', so kommt man auf Integrale, die sich nicht geschlossen lösen lassen. Verwendet man statt dessen ω, dann erhält man sehr einfache Formeln und der Fehler bleibt unter 1 ‰.

Wird ein kugelförmiges Zählrohr mit Radius r_o von einem Volumenelement dv mit der Aktivität A aus einer Entfernung r bestrahlt, und ist der Raum mit einem Medium der Absorptionslänge L erfüllt, dann ist die Zahl der Teilchen, die das Zählrohr durchsetzen:

$$dn = A \frac{\omega(r)}{4\pi} e^{-\frac{r}{L}} dv$$

Nun ist nach Gleichung 20: $\omega = \frac{\pi r_o^2}{r^2}$; außerdem ist $dv = 4\pi r^2 dr$.

Damit wird:

$$dn = A \pi r_o^2 e^{-\frac{r}{L}} dr$$

und

$$n = A\pi r_o^2 \int_{r_o}^{\infty} e^{-\frac{r}{L}} dr = A\pi r_o^2 L (e^{-\frac{r_o}{L}} - e^{-\infty}) \tag{21}$$

Da r_o/L etwa die Größe 3×10^{-5} hat, wird:

$$n = A\pi r_o^2 L = AFL$$

wobei $F = r_o^2 \pi$ die Querschnittsfläche der Kugel ist.

Diese einfache Formel gilt, wenn Absorptionslänge und Aktivität konstant ist. Sie gilt auch für ein Zählrohr in einer Ebene, die zwei Halbräume trennt, in denen A und L verschieden ist, solange das Produkt AL konstant bleibt. Das Verhalten am Rande einer homogenen radioaktiven Wolke läßt sich ebenfalls berechnen. Die Grenze der Wolke sei dabei eine Ebene. Befindet sich das Zählrohr im senkrechten Abstand x von der Wolke (Abb. 27), dann ist die Oberfläche der Kugelkalotte, die inner-

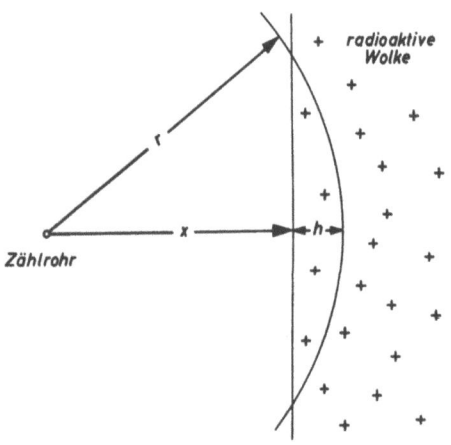

Abb. 27 Zählrohr in der Entfernung x von einer radioaktiven Wolke.

halb der Wolke liegt:
$$2\pi rh = 2\pi(r^2 - rx)$$
Damit wird:
$$dn = \frac{\omega A}{4\pi} 2\pi(r^2 - rx) e^{-\frac{r}{L}} dr = \frac{FA}{2}(1 - \frac{x}{r}) e^{-\frac{r}{L}} dr$$

$$n = \frac{FA}{2}\left\{\int_x^\infty e^{-\frac{r}{L}} dr - x \int_x^\infty e^{-\frac{r}{L}} \frac{1}{r} dr\right\}$$

$$n = \frac{FAL}{2}\left\{e^{-\frac{x}{L}} - \frac{x}{L} \int_{\frac{x}{L}}^\infty \frac{r}{L} e^{-\frac{r}{L}} d\frac{r}{L}\right\}$$

$$n = \frac{FAL}{2}\left\{e^{-\frac{x}{L}} - \frac{x}{L}[-E_i(-\frac{x}{L})]\right\} \tag{22}$$

$E_i(-\frac{x}{L})$ ist tabelliert (39).

Befindet sich das Zählrohr innerhalb der Wolke, dann ergibt sich entsprechend:
$$n = \frac{FAL}{2}\left\{[2 - e^{-\frac{x}{L}} + \frac{x}{L} - E_i(-\frac{x}{L})]\right\}$$

Die Intensitätskurve verläuft zentrisch symmetrisch zu ihrem Wert am Wolkenrand.

Es wurde nun ein Modell für eine radioaktive Wolke aufgestellt und die Zahl der Entladungen in einem Zählrohr berechnet, das durch die Wolke getragen wird. Die Wolke und ihre Umgebung soll folgende Eigenschaften haben:

Für	$h < 17,6$ km	sei	$L_1 =$	770 m	und	$A = 0$
für	$17,6 < h < 19,5$ km	sei	$L_2 =$	900 m	"	$A = A_2$
für	$19,5 < h < 29,0$ km	sei	$L_3 =$	3600 m	"	$A = A_3 = A_2 L_2/L_3$
für	$h > 29,0$ km	sei	$L_4 =$	5700 m	"	$A = 0$

In horizontaler Richtung sollen die einzelnen Schichten unendlich ausgedehnt sein.[1]) Die Werte L_i sind umgekehrt proportional der Luftdichte in 17, 18, 27 und 31 km Höhe und entsprechen einer Absorptionsschicht von 10,8 g/cm^2. L_1 und L_2 wurden so gewählt, daß die Anstiegskurve in 17,6 km Höhe gut dargestellt wird.

Das Produkt AL ist für diese Wolke in Abb. 28 gestrichelt eingezeichnet. Wäre die Wolke nicht unten und oben abgeschnitten, dann wäre die Entladungszahl in einem Zählrohr im ganzen Bereich konstant. (In der Nähe der Schnittebene wäre eine Störung. Beim Übergang auf kontinuierliche Änderung von A und L mittelt sie sich aber aus). Die Randeffekte bewirken, daß die Zählrate den Verlauf nimmt, den die ausgezogene Kurve zeigt.

Geht man nun auf kontinuierlichen Verlauf der Dichte über, dann bedeutet dies, daß L mit der Höhe nach einer Exponentialfunktion ansteigt und A nach einer anderen abfällt.

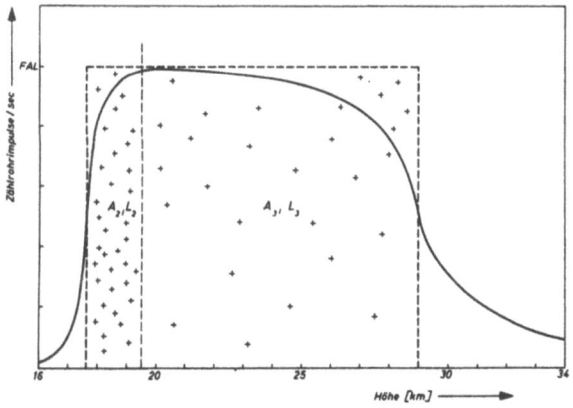

Abb. 28 Teilchenzahl in einem Zählrohr, das durch eine radioaktive Wolke getragen wird, in der das Produkt aus Aktivität und Absorptionslänge konstant ist.

[1]) Dies bedeutet tatsächlich fast keine Einschränkung, da es ausreicht, wenn die lineare Ausdehnung nach allen Seiten 3 L ist.

Bleibt dabei AL konstant, dann wird die Zählrate als Funktion der Höhe einen ähnlichen Verlauf nehmen, wie ihn Abb. 28 zeigt. Um nun diese Kurve unseren Meßergebnissen anzupassen, wurde die Ordinate innerhalb der Wolke mit $\exp \frac{17,6-h}{x}$ multipliziert, unterhalb der Wolke mit $\exp 0$ und oberhalb der Wolke mit $\exp \frac{17,6-29}{x}$. Wie sich bei diesem Übergang von konstanter Absorptionslänge und Aktivität auf die variierenden Größen die Zählrate tatsächlich ändert, ist undurchsichtig, jedoch läßt sich zeigen, daß der Fehler am unteren Wolkenrand kleiner als 10 % und an der oberen Grenze der Wolke kleiner als 40 % bleibt.[1] Die beste Anpassung an unsere Messungen erhält man für x = 9 km. Bei einer Variation innerhalb der oben angeführten Grenzen schwankt x zwischen 7 und 13 km. In Abb. 16 ist die so errechnete Kurve zusammen mit unseren Meßpunkten dargestellt.

Bei einer Temperatur von 217° K (entsprechend der "Deutschen Normatmosphäre") fällt die Luftdichte nach der Höhe ab mit:

$$e^{-\frac{m_L g \Delta h}{R\,217}} = e^{-0,158\,\Delta h}$$

Dabei ist $m_L = 29$ das mittlere Molekulargewicht der Luft, g die Erdbeschleunigung und R die allgemeine Gaskonstante. Da die Absorptionslänge L der Luftdichte umgekehrt proportional ist, wird

$$A = \frac{AL}{L} = \text{const}\; e^{-\frac{\Delta h}{9}} \cdot e^{-0,158\,\Delta h} = \text{const}\; e^{-0,269\,\Delta h} \qquad (24)$$

Der Verlauf der Aktivität mit der Höhe ist in Abb. 17 dargestellt.

9) Zusammenfassung.

Zwischen Herbst 1956 und Ende 1957 wurde von Weissenau aus bei acht Ballonaufstiegen die kosmische Strahlung in großen Höhen registriert. Die Meßergebnisse von sieben Flügen zeigen, daß unter normalen Umständen zwischen der relativen Schwankung der kosmischen Strahlung in verschiedenen Höhen eine lineare Beziehung besteht. Das Schwankungsverhältnis nimmt mit wachsender Höhe zu. Die Variation der Nucleonenkomponente und der Mesonen verhält sich zur Änderung der Primärstrahlung so, wie die Breiteneffekte dieser Komponenten. Aus dieser Beziehung läßt sich die Änderung des Primärspektrums errechnen. Sie entspricht einer Modulation durch Schwankungen des elektrostatischen Potentials der Erde und ihrer Umgebung gegenüber dem fernen Raum.

Bei zwei Aufstiegen wurde in großen Höhen zusätzliche Strahlung registriert, die vermutlich solaren Ursprung hat. Bei einem Flug wurde ein Effekt beobachtet, der sich durch die Annahme erklären läßt, daß die Sonde durch eine radioaktive Wolke flog, die sich von 18 bis etwa 29 km Höhe ausdehnte.

---

[1]) Die Fehlerabschätzung beruht auf der Untersuchung, wie stark sich A und L innerhalb des Einzugsbereichs der Strahlung ändert.

Dem verstorbenen Direktor des Max-Planck-Instituts für Physik der Stratosphäre, Herrn Professor Dr. Erich Regener und dem jetzigen Direktor, Herrn Professor Dr. Julius Bartels danke ich für die Möglichkeit, diese Arbeit im Institut ausführen zu können. Herrn Professor Dr. Alfred Ehmert danke ich für die Anregung und Betreuung dieser Arbeit und für fördernde Diskussionen, Herrn Dr. Georg Pfotzer für die freundliche Überlassung der korrigierten Neutronenregistrierungen und für zahlreiche Diskussionen.

Die Deutsche Forschungsgemeinschaft hat die vorliegende Arbeit auf Antrag von Herrn Professor Ehmert unterstützt.

Literaturverzeichnis

(1) S.E. FORBUSH : Phys. Rev. 54, 975 (1938).

(2) R.A. MILLIKAN and H.V. NEHER : Phys. Rev. 56, 491 (1939).

(3) I.S. BOWEN, R.A. MILLIKAN and H.V. NEHER : Phys. Rev. 53, 855 (1938).

(4) R.A. MONTGOMERY, A.T. BIEHL, H.V. NEHER, W.H. PICKERING, W.C. ROESCH : Rev. of mod. Phys. 20, 360 (1948).

(5) W.P. JESSE : Phys. Rev. 58, 281 (1940).

(6) H.V. NEHER and S.E. FORBUSH : Phys. Rev. 87, 889 (1952).

(7) J.A. SIMPSON, W.H. FONGER and S.B. TREIMAN : Phys. Rev. 90, 934 (1953).

(8) W.H. FONGER : Phys. Rev. 91, 351 (1953).

(9) J.A. SIMPSON : Phys. Rev. 94, 426 (1954).

(10) J.W. FIROR : Phys. Rev. 94, 1017 (1954).

(11) J.W. FIROR, W.H. FONGER and J.A. SIMPSON : Phys. Rev. 94, 1031 (1954).

(12) H. HERGESELL : Beitr. z. Phys. d. freien Atm. 1, 200 (1904/05).

(13) E. SCHOPPER : Zeitschr. f. Phys. 93, 6 (1935).

(14) H. VOLZ : Zeitschr. f. Phys. 93, 539 (1935).

(15) A. EHMERT : Phys. Zeitschr. 35, 21 (1934).

(16) H. MAIER-LEIBNITZ : Phys. Zeitschr. 43, 333 (1942).

(17) A. EHMERT: wird demnächst veröffentlicht.

(18) A. EHMERT: wird demnächst veröffentlicht.

(19) A. EHMERT und H. ERBE : im Druck

(20) A. EHMERT : Note an CSAGI Tagung 1958, Moskau.

(21) J.A. van ALLEN and S.F. SINGER : Phys. Rev. 78, 819 (1950).

(22) J.R. WINCKLER and L. PETERSON : Phys. Rev. 108, 903 (1957).

(23) K.A. ANDERSON : J. Geophys. Res. 62, 641 (1957); Phys. Rev. 111, 1397 (1958).

(24) Los Alamos Scientific Laboratory : The Effects of Atomic Weapons 251 (1950).

(25) W. GERLACH, K. STIERSTADT, I. ZEISING : Atomkernenergie 3, 222 (1958).

(26) H.L. BRADT, P.C. GUGELOT, O. HUBER, H. MEDICUS, P. PREISWERK and P. SCHERRER : Helv. Phys. Acta 19, 77 (1946).

(27) H. ISRAEL : Atomkernenergie 3, 255 (1958).

(28) O. HAXEL : Physiker Tagung Heidelberg Tagungsbuch 134 (1958).

(29) A. SITTKUS : Naturwissensch. 42, 478 (1955).

(30) A. EHMERT : Nuovo Cim. Suppl. 8, X, 318 (1958).

(31) G. PFOTZER : Mitt. aus d. Max-Planck-Inst. f. Phys. d. Stratosph. Weissenau 9 (1956).

(32) J.R. WINCKLER : Phys. Rev. 104, 220 (1956).

(33) M.A. POMERANTZ : Phys. Rev. 102, 870 (1956).

(34) J.R. WINCKLER and K.A. ANDERSON : Phys. Rev. 108, 148 (1957).

(35) J.J. CORRIGAN, S.F. SINGER and M.J. SWETNICK : Phys. Rev. Let. 1, 104 (1958).

(36) H. SCHRÖPL : Diplomarbeit Stuttgart (1954).

(37) S.F. SINGER : Progress in Elementary Particle and Cosmic Ray, Physics IV, 272

(38) I.A. SIMPSON, K.B. FENTON, J. KATZMAN and D.C. ROSE : Phys. Rev. 102, 1648 (1956)

(39) JAHNKE-EMDE : Tafeln höherer Funktionen.

**Verzeichnis der Mitteilungen aus dem Max-Planck-Institut
für Physik der Stratosphäre**

Nr. 1/1953   Über den Beitrag der von μ-Mesonen angestoßenen Elektronen zu den Ultrastrahlungsschauern unter Blei. G. Pfotzer

Nr. 2/1954   Ein Zählrohrkoinzidenzgerät zur Registrierung der kosmischen Ultrastrahlung. A. Ehmert

                Eine einfache Methode zur Einstellung und Fixierung des Expansionsverhältnisses von Nebelkammern. G. Pfotzer

Nr. 3/1954   Optische Interferenzen an dünnen, bei -190^0C kondensierten Eisschichten. Erich Regener (vergriffen)

Nr. 4/1955   Über die Messung der Temperatur des atmosphärischen Ozons mit Hilfe der Hugins-Banden. H. Zschörner und H. K. Paetzold

Nr. 5/1956   Ein neuer Ausbruch solarer Ultrastrahlung am 23. Februar 1956. A. Ehmert und G. Pfotzer, vergriffen (erschienen Z. Naturforschung 11a, 322, 1956)

Nr. 6/1956   Das Abklingen der solaren Ultrastrahlung beim Ausbruch am 23. Februar 1956 und die geomagnetischen Einfallsbedingungen. A. Ehmert und G. Pfotzer

Nr. 7/1956   Die Impulsverteilung der solaren Ultrastrahlung in der Abklingphase des Strahlungseinbruches am 23. Februar 1956. G. Pfotzer

Nr. 8/1956   Die atmosphärischen Störungen und ihre Anwendung zur Untersuchung der unteren Ionosphäre. K. Revellio

Nr. 9/1956   Solare Ultrastrahlung als Sonde für das Magnetfeld der Erde in großer Entfernung. G. Pfotzer

*

Die vorstehenden Hefte können beim Max-Planck-Institut für Aeronomie, (20b) Lindau über Northeim (Hann.), angefordert werden.

If you have any concerns about our products,
you can contact us on
ProductSafety@springernature.com

In case Publisher is established outside the EU,
the EU authorized representative is:
**Springer Nature Customer Service Center GmbH
Europaplatz 3, 69115 Heidelberg, Germany**

Printed by Libri Plureos GmbH
in Hamburg, Germany